AI 办公新动能

DeepSeek
智能应用实践指南
（案例版）

关东升 编著

中国经济出版社
CHINA ECONOMIC PUBLISHING HOUSE
北京

图书在版编目（CIP）数据

AI办公新动能：DeepSeek智能应用实践指南：案例版 / 关东升编著. -- 北京：中国经济出版社, 2025. 4. (2025.5重印) -- ISBN 978-7-5136-8098-1

Ⅰ. TP317.1

中国国家版本馆CIP数据核字第2025JS6011号

策划编辑	龚风光　王　絮
责任编辑	王　絮　郭湛崎
责任印制	李　伟
封面设计	李纳纳

出版发行	中国经济出版社
印　刷　者	北京富博印刷有限公司
经　销　者	各地新华书店
开　　　本	710mm×1000mm　1/16
印　　　张	14.5
字　　　数	268千字
版　　　次	2025年4月第1版
印　　　次	2025年5月第2次
定　　　价	79.00元

广告经营许可证　京西工商广字第8179号

中国经济出版社 网址 www.economyph.com 社址 北京市东城区安定门外大街58号 邮编 100011
本版图书如存在印装质量问题，请与本社销售中心联系调换（联系电话：010-57512564）

版权所有　盗版必究（举报电话：010-57512600）
国家版权局反盗版举报中心（举报电话：12390）服务热线：010-57512564

在当今这个信息化高速发展的时代，AI（人工智能）无疑是最为耀眼的科技力量。它正以雷霆万钧之势渗透至社会的各行各业，如同一场悄无声息却又波澜壮阔的变革，深刻地重塑着我们的工作模式与生活形态。在这股汹涌澎湃的AI浪潮中，DeepSeek宛如一颗璀璨的新星，以其卓越非凡的性能和丰富多元的应用场景，迅速跃升为全球用户高度关注的焦点，成为AI领域的现象级存在。

DeepSeek-R1模型自2025年1月20日震撼发布以来，便凭借其强大到令人惊叹的自然语言处理能力以及堪称高效典范的工作效率，如同一位勇猛无畏的开拓者，在竞争激烈的市场中迅速开疆拓土，展现出了势不可当的发展态势。

面对这样一款具有里程碑意义的AI助手，我们深感有必要深入挖掘其背后的价值与潜力，于是便有了本书的诞生。本书的核心目的，在于全方位、多层次地深入探讨DeepSeek的各项强大功能及其在不同领域的丰富应用，为广大读者打开一扇全面了解DeepSeek的大门。通过书中详细且生动的案例分析以及具有极强实操性的指南，无论您是初涉AI领域的新手，还是寻求突破的专业人士，都能够获取宝贵的知识和经验，切实掌握在日常工作中高效运用DeepSeek的技巧与方法，从而将自身的创造力和生产力提升到一个全新的高度，在这个AI赋能的时代中更加得心应手地应对各种挑战，把握无限机遇。

最后，要感谢为本书提供支持与帮助的所有人。感谢那些在DeepSeek研发过程中付出辛勤努力的科研人员，是他们的智慧和汗水让DeepSeek得以问世；感谢所有为本书的编写提供资料、建议和指导的专家学者及业内人士，他们的专业知识和经验为本书增添了丰富的内涵；也感谢出版社的编辑和工作人员，他们的认真负责和辛勤工作确保了本书能够顺利呈现在读者面前。希望本书能为您探索DeepSeek的奇妙世界提供有益的帮助。

关东升

2025年2月16日于鹤城

目录

第1章 探索 DeepSeek 的办公新境界 1

1.1 DeepSeek 介绍 1
  1.1.1 DeepSeek 模型 1
  1.1.2 DeepSeek 能够做什么 2
  1.1.3 如何使用 DeepSeek 2
1.2 DeepSeek 与其他 AI 工具的结合应用 5
  1.2.1 与通义万相携手：开启创意视觉新纪元 5
  1.2.2 与即梦 AI 联姻：革新视频内容创作格局 5
  1.2.3 与豆包协作：打造极致文本处理体验 6
1.3 本章总结 6

第2章 构建与 DeepSeek 独特的沟通方式 7

2.1 DeepSeek 提示词技巧指南 7
2.2 使用 Markdown，实现高效文档创作 9
  2.2.1 Markdown 基本语法 10
  2.2.2 使用 Markdown 工具 13
  2.2.3 案例 1：生成 Markdown 文档 14
  2.2.4 将 Markdown 文档转换为 Word 文档 17
  2.2.5 将 Markdown 文档转换为 PDF 文档 19
2.3 绘图语言 19
2.4 本章总结 21

第3章 借助 DeepSeek 优化工作思维 22

3.1 运用表格清晰呈现工作数据与信息 22
  3.1.1 Markdown 表格 22
  3.1.2 案例 2：制作广告投放渠道信息的 Markdown 表格 24
  3.1.3 CSV 电子表格 25

3.1.4　转换为 Excel 28
　3.2　构建思维导图，规划工作蓝图 28
　　　3.2.1　思维导图概述 29
　　　3.2.2　借助 DeepSeek 优化思维导图 30
　　　3.2.3　案例3：使用 Markdown 绘制"市场营销策略"思维导图 30
　3.3　利用鱼骨图，精准找出问题根源 33
　　　3.3.1　鱼骨图概述 34
　　　3.3.2　鱼骨图的应用场景 34
　　　3.3.3　使用 DeepSeek 绘制鱼骨图 34
　　　3.3.4　案例4：使用 DeepSeek 绘制"销售额下滑问题"鱼骨图 35
　3.4　本章总结 37

第4章　时间管理的智能伙伴 38

　4.1　利用日历管理，优化日程安排 38
　　　4.1.1　时间管理工具 38
　　　4.1.2　使用日历管理时间 39
　　　4.1.3　Excel 日历 39
　　　4.1.4　Windows 系统日历工具——Microsoft Outlook 40
　　　4.1.5　Google 日历 40
　　　4.1.6　案例5：使用 DeepSeek 辅助优化"一周工作日程安排" 41
　4.2　利用番茄工作法增效，提升专注度 43
　　　4.2.1　番茄工作法实施步骤 43
　　　4.2.2　案例6：使用番茄工作法管理团队项目进度 44
　4.3　本章总结 47

第5章　智能重塑计划管理：任务清单、工作计划制订与跟踪的全方位变革 48

　5.1　生成任务清单，清晰罗列工作事项 48
　　　5.1.1　传统任务清单的生成方式及其局限性 49
　　　5.1.2　DeepSeek 驱动的任务清单生成 49
　　　5.1.3　案例7：使用 DeepSeek 辅助制作下周计划任务清单 50
　5.2　制订工作计划，保障项目顺利推进 55
　　　5.2.1　DeepSeek 驱动的工作计划制订 55
　　　5.2.2　案例8：软件开发项目工作计划的制订 55
　　　5.2.3　使用甘特图 62
　　　5.2.4　案例9：使用 DeepSeek 制作 Excel 甘特图 64

5.3 进行计划跟踪与优化，及时调整工作方向 65
 5.3.1 DeepSeek 驱动的计划跟踪 65
 5.3.2 计划的优化与调整 66
 5.3.3 案例 10：使用 DeepSeek 辅助跟踪软件开发项目工作计划 66
 5.3.4 案例 11：使用鱼骨图分析项目延迟的原因 67
5.4 本章总结 68

第 6 章 Word 文档的高效创作秘籍 69

6.1 使用 DeepSeek 生成 Word 文档 69
 6.1.1 DeepSeek 在 Word 文档创建中的应用 69
 6.1.2 案例 12：撰写商业计划书 69
6.2 使用 DeepSeek 生成 VBA 代码 73
 6.2.1 VBA 介绍 73
 6.2.2 案例 13：使用 DeepSeek 生成 VBA 代码 75
6.3 使用 DeepSeek+VBA 实现文件格式批量转换 79
 6.3.1 案例 14：将早期版本文件格式的 Word 文件批量转换为
    当前标准格式的 Word 文件 79
 6.3.2 案例 15：将 Word 文件批量转换为 PDF 文件 84
6.4 本章总结 87

第 7 章 PPT 演示文稿的智能制作技巧 88

7.1 利用 DeepSeek 构思 PPT 大纲 88
 7.1.1 输入主题，自动生成大纲 88
 7.1.2 案例 16：构思"市场营销策略"PPT 大纲 88
7.2 借助 DeepSeek 设计 PPT 模板 91
 7.2.1 与 DeepSeek 沟通模板需求 91
 7.2.2 DeepSeek 生成模板设计建议 91
 7.2.3 案例 17："AI 在医疗领域的创新应用"PPT 模板设计 92
7.3 使用 DeepSeek 生成 PPT 文档 97
 7.3.1 案例 18：使用 DeepSeek+VBA 制作"AI 在医疗领域的创新应用"PPT 97
 7.3.2 使用 DeepSeek+Kimi 生成 PPT 101
 7.3.3 案例 19：使用 DeepSeek+Kimi 生成"AI 在医疗领域的应用"PPT 104
7.4 使用 DeepSeek+VBA 实现文件格式批量转换 109
 7.4.1 案例 20：将早期版本格式的 PPT 文件批量转换为
    当前标准格式的 PPT 文件 109

7.4.2　案例21：将PPT文件批量转换为PDF文件 113
　7.5　本章总结 116

第8章　Excel数据处理的进阶之道 117

　8.1　使用DeepSeek生成Excel文档 117
　　8.1.1　如何使用DeepSeek生成Excel文档 117
　　8.1.2　案例22：使用DeepSeek生成财务报表Excel文档 117
　8.2　使用DeepSeek+VBA实现文件格式批量转换、合并与拆分 120
　　8.2.1　案例23：将早期版本文件格式的Excel文件批量转换为
　　　　　当前标准格式的Excel文件 120
　　8.2.2　案例24：将CSV文件批量转换为Excel文件 124
　　8.2.3　案例25：将多个Excel文件合并为一个Excel文件 127
　　8.2.4　案例26：将一个Excel文件拆分为多个Excel文件 131
　8.3　数据分析 134
　　8.3.1　使用DeepSeek辅助数据清洗 134
　　8.3.2　案例27：使用DeepSeek对电商平台订单进行数据清洗 135
　　8.3.3　案例28：使用DeepSeek从往来邮件中提取联系人信息 137
　8.4　可视化报表 140
　　8.4.1　使用DeepSeek辅助制作数据可视化报表 140
　　8.4.2　案例29：使用DeepSeek+VBA生成2023年财务数据图表 140
　　8.4.3　案例30：使用DeepSeek零代码生成图表 144
　8.5　本章总结 147

第9章　AI图片生成技术，为办公增添视觉魅力 148

　9.1　图片生成技术的办公应用 148
　　9.1.1　商务报告中的数据可视化呈现 148
　　9.1.2　营销推广活动中的创意素材制作 149
　9.2　使用AI图片生成工具开启创意图片生成之路 149
　　9.2.1　使用豆包生成图片 150
　　9.2.2　案例31：使用豆包生成促销活动海报 152
　　9.2.3　案例32：使用DeepSeek+豆包生成一张未来科幻风格的城市景观图 154
　　9.2.4　使用通义万相生成图片 155
　　9.2.5　案例33：使用通义万相生成促销活动海报 158
　　9.2.6　案例34：使用DeepSeek+通义万相生成未来科幻风格的城市景观图 160
　　9.2.7　案例35：使用DeepSeek+通义万相创作小说插画 160

9.2.8 案例36：使用DeepSeek+通义万相定制个性化头像 161
9.2.9 案例37：使用DeepSeek+通义万相设计产品概念图 162
9.3 本章总结 164

第10章 AI视频生成技术，为内容创作注入鲜活动力 165

10.1 AI视频生成技术概述 165
 10.1.1 AI视频生成技术在内容创作中的应用场景 165
 10.1.2 AI视频生成技术的优势 166
10.2 使用AI视频生成工具开启创意视频生成之路 167
 10.2.1 使用即梦AI生成视频 168
 10.2.2 案例38：使用即梦AI文生视频 169
 10.2.3 案例39：使用即梦AI图生视频 171
10.3 使用DeepSeek生成视频脚本 172
 10.3.1 脚本介绍 172
 10.3.2 使用DeepSeek生成脚本 173
 10.3.3 案例40：使用DeepSeek生成普洱茶宣传视频脚本 174
 10.3.4 案例41：使用DeepSeek生成元宵花灯主题视频脚本 175
 10.3.5 案例42：使用DeepSeek生成细胞分裂的分子机制学术微课脚本 177
10.4 使用DeepSeek生成提示词 179
 10.4.1 案例43：使用DeepSeek+即梦AI生成未来城市夜景视频 180
 10.4.2 案例44：使用DeepSeek+即梦AI生成海滩日出视频 181
 10.4.3 案例45：使用DeepSeek+即梦AI生成夏日森林探险视频 182
10.5 本章总结 183

第11章 综合案例实战 184

11.1 案例46：DeepSeek助力高效会议纪要与邮件沟通 184
 11.1.1 步骤1：录入会议纪要 184
 11.1.2 步骤2：提取核心信息 185
 11.1.3 步骤3：生成邮件初稿 187
 11.1.4 步骤4：审核与发送邮件 190
11.2 案例47：DeepSeek赋能商业文案创意与优化 191
 11.2.1 步骤1：初步生成文案 192
 11.2.2 步骤2：润色与优化文案 193
 11.2.3 步骤3：生成图片 193
 11.2.4 步骤4：整合与发布 196

- 11.3 案例48：DeepSeek 协同打造优质产品介绍视频 196
  - 11.3.1 步骤1：获取脚本创意与大纲 196
  - 11.3.2 步骤2：生成图片素材 198
  - 11.3.3 步骤3：制作视频初稿 199
  - 11.3.4 步骤4：优化调整视频 200
- 11.4 案例49：DeepSeek 精准优化简历，提升求职成功率 200
  - 11.4.1 步骤1：收集招聘信息 200
  - 11.4.2 步骤2：撰写初始简历 204
  - 11.4.3 步骤3：优化简历 205
- 11.5 案例50：DeepSeek 辅助股票分析 211
  - 11.5.1 步骤1：股票数据爬取 212
  - 11.5.2 步骤2：数据清洗 216
  - 11.5.3 步骤3：数据可视化 218
  - 11.5.4 步骤4：智能解析 219
- 11.6 本章总结 222

第 1 章

探索 DeepSeek 的办公新境界

扫码看视频

在如今竞争激烈的职场环境里，办公效率与质量越发重要。AI 技术的兴起，给办公带来了革新的可能。DeepSeek 作为一款新兴 AI 工具，有着巨大潜力。本章我们就去探索它将开启怎样的办公新境界。

1.1 DeepSeek 介绍

DeepSeek 公司是一家中国的人工智能公司，全称为"杭州深度求索人工智能基础技术研究有限公司"，成立于 2023 年，由梁文锋创办，私募巨头幻方量化控股支持。该公司的主要使命是研发开源的大型语言模型（LLM）和相关的基础技术，目标是推动通用人工智能（AGI）的实现，并在全球范围内提升 AI 技术的发展水平。DeepSeek 正是其自主研发的一系列先进模型。

1.1.1 DeepSeek 模型

DeepSeek 公司开发了多种 DeepSeek 模型。DeepSeek 模型以 Transformer 架构为基础，基于注意力机制，通过海量语料数据进行预训练，并通过监督微调、人类反馈的强化学习等方式对齐，构建并形成深度神经网络，还增加了审核、过滤等安全机制。

DeepSeek 的主要模型及特点：

（1）DeepSeek-R1：一款拥有 6710 亿参数的推理模型，专注于复杂任务，特别是在数学和编程领域表现出色。据报道，其性能在某些基准测试中超过了 OpenAI 的 o1 模型。

（2）DeepSeek-V2：一款拥有 2360 亿参数的混合专家模型，支持长达 128K 的上下文长度。采用多头潜在注意力（MLA）和 DeepSeekMoE 架构，显著提高了推理效率和训练经济性。

（3）DeepSeek-V3：一款拥有 6710 亿参数的混合专家模型，支持长达 128K 的上下文长度。在多项评测中，其性能超越了 Qwen2.5-72B 和 Llama-3.1-405B 等其他开源模型，并在性能上与 GPT-4o 和 Claude-3.5-Sonnet 等顶尖闭源模型旗鼓相当。

（4）DeepSeek-R1-Distill：基于知识蒸馏技术，通过使用 DeepSeek-R1 生成的训练样本对 Qwen、Llama 等开源大模型进行微调训练后得到的增强型模型。

DeepSeek 模型在性能和训练成本方面具有显著优势，推动了 AI 技术的发展。

> 在深度学习中，蒸馏是一种模型压缩技术，旨在将大型复杂模型（称为"教师模型"）的知识迁移到较小的模型（称为"学生模型"）中，从而在保持性能的同时，减少模型的参数量和计算复杂度。

1.1.2　DeepSeek 能够做什么

DeepSeek 可面向用户与开发者，在多领域具有丰富功能：

（1）自然语言处理：实现智能对话，涵盖通用及专业领域问答；进行文本生成与创作，如文案、诗歌、故事等；具备语义理解能力，可做语言理解、文本分类、实体识别等；支持多语言翻译与转换，包括文本转换、格式转换等；还能进行情感分析、关系抽取等。

（2）计算推理：进行数学运算、逻辑分析，具备知识推理、因果推理、逻辑推理能力。

（3）代码相关：实现代码生成与补全，还能进行代码注释。

（4）数据分析：开展趋势分析、数据分析，实现数据可视化、流程优化。

（5）决策辅助：提供专业建议，完成任务分解、方案规划、建议生成，进行风险评估、决策支持。

（6）知识处理：构建知识图谱，整合知识，实现多源信息融合、概念关联。

（7）交互功能：拥有对话能力，支持上下文理解、多轮对话、情感回应；可执行任务，调用工具，协调任务；具备多模态交互能力，涵盖指令理解、语音识别、图像理解、跨模态转换。

1.1.3　如何使用 DeepSeek

我们可以通过网页和手机 App 访问 DeepSeek。

（1）网页访问。在地址栏输入 https://www.deepseek.com，进入 DeepSeek 官方网站，如图 1-1 所示。单击页面中的"开始对话"按钮，即可免费与 DeepSeek-V3 对话。如果没有注册，则进入图 1-2 所示的页面进行新用户注册，按提示填写邮箱等信息完成注册。

图 1-1 DecpSeek 官方网站

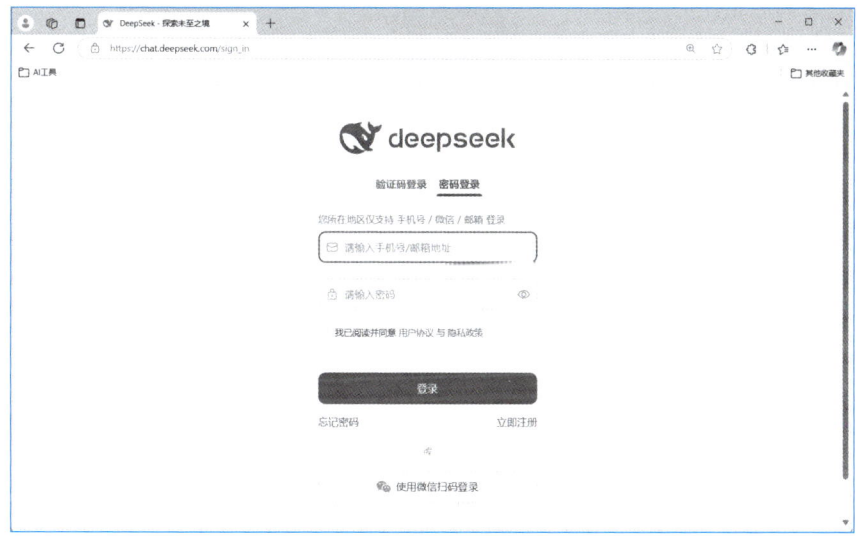

图 1-2 DeepSeek 注册页面

登录成功后，进入图 1-3 所示的 DeepSeek-V3 对话页面。

DeepSeek 具体使用步骤：

① 功能模式选择：输入框下方有"深度思考（R1）"和"联网搜索"功能选项。若用户的任务需要模型进行深度推理、复杂分析，可点击"深度思考（R1）"；若需要获取最新的网络信息，例如查询当下热点事件、最新资讯等，单击"联网搜索"功能即可开启。

② 获取并处理回复：发送指令后，等待 DeepSeek 生成回复内容。阅读回复时需仔细甄别，若结果符合预期，可结束交互；若不满意或需要进一步细化，可补充信息或修改指令，

在输入框继续追问，进行多轮交互以达到满意效果，如图1-4所示。

图1-3　DeepSeek-V3对话页面

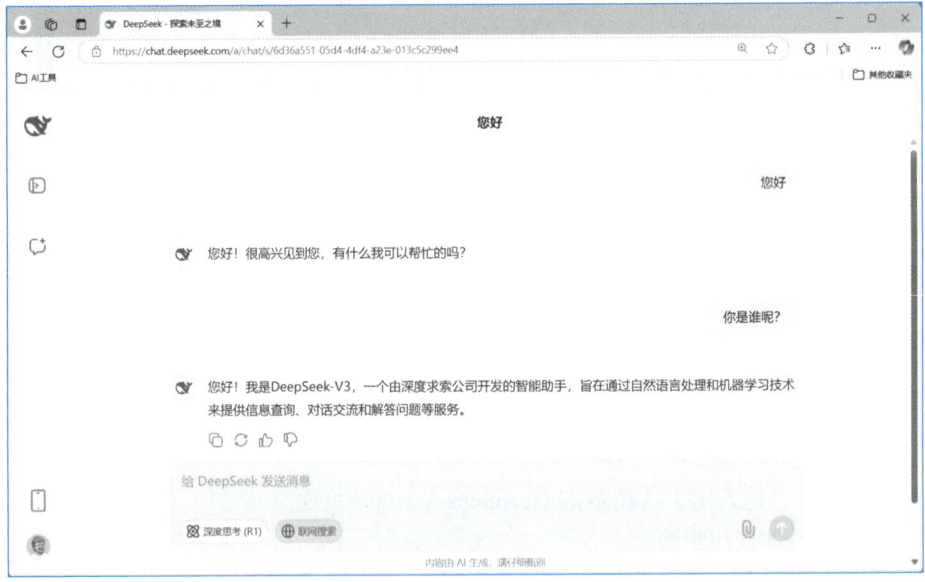

图1-4　与DeepSeek对话页面

（2）获取手机App。若希望在移动端使用，则在图1-1所示的DeepSeek官方网站页面单击"获取手机App"，按照提示在手机应用商店搜索并下载安装DeepSeek官方推出的免费App。

1.2 DeepSeek 与其他 AI 工具的结合应用

在 AI 技术升级迭代的浪潮下，单一 AI 工具单打独斗的时代正逐渐远去，工具间的融合互补成为必然趋势。DeepSeek 以其卓越的性能在办公领域崭露头角。一旦与其他各具专长的 AI 工具携手，它将释放出更强大的能量，突破传统办公的边界。接下来，我们将深入剖析 DeepSeek 与其他 AI 工具的结合应用，探寻办公效率提升的新路径。

1.2.1 与通义万相携手：开启创意视觉新纪元

1. 品牌形象设计

在为企业打造品牌形象时，DeepSeek 能够深入剖析企业的文化、价值观、产品特点以及目标受众，输出详细的品牌设计需求和方向。例如，对于一家主打环保理念的科技公司，DeepSeek 会分析出其品牌形象应体现科技感与环保元素的融合。通义万相则依据这些精准的描述，生成一系列包括 Logo、品牌色板、宣传海报在内的视觉设计方案。这些方案不仅具有高度的创意性，还能准确传达企业的品牌内涵，帮助企业在市场中树立独特的形象。

2. 室内外空间设计

在建筑设计和室内装修领域，DeepSeek 可根据场地的功能需求、地理位置、客户偏好等因素，生成空间设计的初步构思和布局规划。如设计一个大型商业综合体，DeepSeek 会规划出合理的功能分区、流线设计等。通义万相则将这些抽象的规划转化为直观的三维空间效果图，展示不同风格、材质搭配下的空间效果，为设计师和客户提供更直观的决策依据，大大缩短设计周期。

1.2.2 与即梦 AI 联姻：革新视频内容创作格局

1. 影视剧本创作与分镜设计

在进行影视项目开发时，DeepSeek 能够基于给定的主题、故事背景和人物设定，创作出生动且富有逻辑的影视剧本。它可以构思出跌宕起伏的情节、丰满立体的人物形象以及深刻的主题内涵。之后，DeepSeek 进一步将剧本转化为详细的分镜脚本，规划出每个镜头的景别、时长、画面内容等。即梦 AI 则根据分镜脚本，利用其强大的视频生成能力，快速生成具有专业水准的影视片段，为影视制作提供初步的视觉参考，加速项目的推进。

2. 在线教育视频制作

在在线教育领域，DeepSeek 可以根据课程内容和教学目标，设计出合理的教学视频脚本，包括知识点的讲解顺序、案例的引入、互动环节的设置等。即梦 AI 则将这些脚本转化为生动有趣的教学视频，通过添加动画、特效、语音讲解等元素，增强视频的观赏性和教学效果，为学生提供更加优质的学习资源。

1.2.3 与豆包协作：打造极致文本处理体验

1. 专业文稿的撰写与优化

在撰写专业学术论文、商业报告、法律文书等文稿时，DeepSeek 可凭借其丰富的知识储备和强大的逻辑推理能力，对文稿主题进行深入研究，生成详细大纲和核心观点。豆包则负责将大纲和观点转化为流畅、准确、富有文采的文字内容。完成初稿后，两者还可以相互配合，对文稿进行优化，DeepSeek 检查内容的逻辑性和专业性，豆包对表述进行润色和优化，确保文稿达到高质量水平。

2. 智能客服对话增强

在智能客服场景中，DeepSeek 能够快速准确地理解客户问题的意图和关键信息，调用相关的知识和经验生成精准的回答策略。豆包则将这些策略转化为自然、亲切、易懂的语言，与客户进行沟通。两者结合使智能客服更加智能、高效、人性化，能够更好地解决客户的问题，提升客户满意度。

1.3 本章总结

本章聚焦于探索 DeepSeek 的办公新境界：开篇介绍了 DeepSeek 模型，阐述其能完成的任务及使用方式，让读者对其形成基础认知；重点探讨了 DeepSeek 与其他 AI 工具的结合应用，如与通义万相结合进行创意设计、与即梦 AI 结合助力视频创作、与豆包结合对文本进行优化处理，从而在营销策划、项目管理等场景中打造一站式服务，发挥协同优势，提升办公效率。本章内容展现出 DeepSeek 及其组合在解决办公痛点、激发创新、推动办公智能化上的巨大潜力，为后续内容奠定基础。

第 2 章 构建与 DeepSeek 独特的沟通方式

扫码看视频

通过第 1 章，我们已对 DeepSeek 在办公领域的应用有了初步认识，其展现出了显著提升办公效能的潜力。然而，若要充分挖掘 DeepSeek 的价值，构建与之适配的独特沟通方式是关键环节。这如同搭建一座桥梁，帮助我们实现与 DeepSeek 更高效、更精准的交互。本章我们将深入探讨此话题，探寻如何与 DeepSeek 有效沟通，为办公效率的进一步提升筑牢基础。

2.1 DeepSeek 提示词技巧指南

提示词是与 AI 模型进行交互的主要方式，理解如何设计和优化提示词可以大大提高结果的准确性和效率。以下是详细内容和技巧。

1. 明确目标，避免模糊提问

（1）核心原则：清晰的目标能让 AI 作出更精准的回答。
（2）示例对比：
① 模糊提问："我想学编程，有什么建议吗？"
② 明确提问："我想学习 Python 编程，目标是开发简单的网页应用程序。作为零基础初学者，我应该从哪些资源开始？请推荐学习路径。"
（3）技巧延伸：
① 说明背景（如"我是学生""我是职场新人"）。
② 明确具体需求（如"学习工具""时间规划"）。

2. 结构化表达，分点说明

（1）核心原则：将复杂问题拆解为多个小问题，AI 可以更有针对性地回答。
（2）示例对比：
① 笼统提问："帮我写一篇关于 AI 的文章。"

②结构化提问:"我需要写一篇关于AI的文章,要求简要介绍AI的基本概念、分析AI在医疗领域的应用及讨论AI的伦理问题。请提供框架和关键内容建议。"

(3)技巧延伸:

①使用序号或分点列出需求。

②明确每个部分的具体要求(如字数、风格、重点)。

3. 提供上下文,增强相关性

(1)核心原则:详细的上下文信息能让AI的回答更贴合你的需求。

(2)示例对比:

①缺乏上下文:"帮我写一封邮件。"

②提供上下文:"我需要写一封邮件给我的团队,内容是通知他们项目的截止日期提前到下周,原因是客户需求变更。请帮我写一封简洁且鼓舞士气的邮件。"

(3)技巧延伸:

①说明场景、对象、目的。

②提供相关细节(如时间、地点、人物)。

4. 指定输出格式

(1)核心原则:明确回答的形式,AI会按照你的要求组织内容。

(2)示例对比:

①未指定格式:"请列出常用的机器学习算法。"

②指定格式:"请以表格形式列出常用的机器学习算法,包括算法名称、适用场景和优缺点。"

(3)技巧延伸:

①指定格式类型(如Markdown、JSON、代码块)。

②说明是否需要标题、注释或示例。

5. 迭代优化,逐步细化

(1)核心原则:如果对第一次回答不满意,可以通过补充信息或调整问题来优化结果。

(2)示例优化:

①第一轮提问:"请推荐几本关于AI的书籍。"

②第二轮补充:"请推荐适合初学者阅读的AI书籍,最好是中文版,并附带简要介绍。"

(3)技巧延伸:

①根据AI的回答补充细节或调整方向。

②使用"进一步说明""补充要求"等提示词。

6. 使用角色扮演

(1)核心原则:让AI扮演特定角色,可以增强回答的专业性和针对性。

（2）示例对比：

① 普通提问："如何提高写作能力？"

② 角色扮演："假设你是一位资深作家，请为我提供3条提高写作能力的实用建议，并附上具体练习方法。"

（3）技巧延伸：

① 指定角色（如"产品经理""历史学家""程序员"）。

② 说明角色的背景或风格（如"幽默风趣""严谨专业"）。

7. **限制回答长度**

（1）核心原则：通过限制字数或段落数，让AI的回答更简洁或更详细。

（2）示例对比：

① 未限制长度："请解释量子计算的基本原理。"

② 限制长度："请用不超过100字解释量子计算的基本原理。"

（3）技巧延伸：

① 指定字数（如"50字""300字"）。

② 指定段落数或点数（如"3段""5点"）。

8. **结合具体工具或资源**

（1）核心原则：如果需要工具、资源或代码，明确说明具体需求。

（2）示例对比：

① 笼统提问："如何分析数据？"

② 具体提问："如何使用Python的Pandas库对CSV文件进行数据清洗？请提供示例代码。"

（3）技巧延伸：

① 指定工具或语言（如Excel、Python、R）。

② 提供示例数据或场景。

通过以上技巧，读者可以显著提升与DeepSeek或其他AI工具的互动效果，其关键在于：

（1）清晰：明确目标、背景和需求。

（2）具体：明确细节、格式和限制。

（3）迭代：根据回答逐步优化问题。

2.2　使用Markdown，实现高效文档创作

DeepSeek目前主要的输出反馈形式为文本，尚不能直接生成Word、Excel、PDF等格式的文档。不过，我们可充分挖掘DeepSeek的潜力，使其返回符合标准的Markdown代码。之后，我们可以借助Typora等多种不同的Markdown编辑器，或者专门的格式转换工具，

将 Markdown 代码轻松转换为实际所需格式的文档，进而满足各类不同场景下对于文档格式的需求。

2.2.1　Markdown 基本语法

Markdown 是一种轻量级标记语言，用于以简单、易读的格式编写文本并将其转换为 HTML 或其他格式。借助一些工具，我们可以将 Markdown 代码转换为 Word、PDF 等格式的文件。

以下是 Markdown 语法表：

1．标题

Markdown 使用"#"号来表示标题的级别。Markdown 语法中提供了六级标题（从"#"一级标题到"######"六级标题），通过多个"#"号进行嵌套。注意"#"号后面有一个空格，然后才是标题内容，例如：

```
# 一级标题
## 二级标题
### 三级标题
#### 四级标题
##### 五级标题
###### 六级标题
```

使用预览工具查看，会看到图 2-1 所示的效果。

2．列表

无序列表可以使用"-"号或"*"号，有序列表则使用数字加"."。注意"-"号或"*"号后面同样有一个空格，例如：

```
- 第一项
- 第二项
  - 子项1
  - 子项2


1. 第一项
2. 第二项
   1. 子项1
   2. 子项2
```

使用预览工具查看，会看到图 2-2 所示的效果。

3．引用

使用">"号表示引用，注意">"号后面有一个空格，例如：

> 这是一段引用文本。
> 这是一段引用文本。
> 这是一段引用文本。
> 这是一段引用文本。

使用预览工具查看，会看到图 2-3 所示的效果。

图 2-1　Markdown 标题预览效果

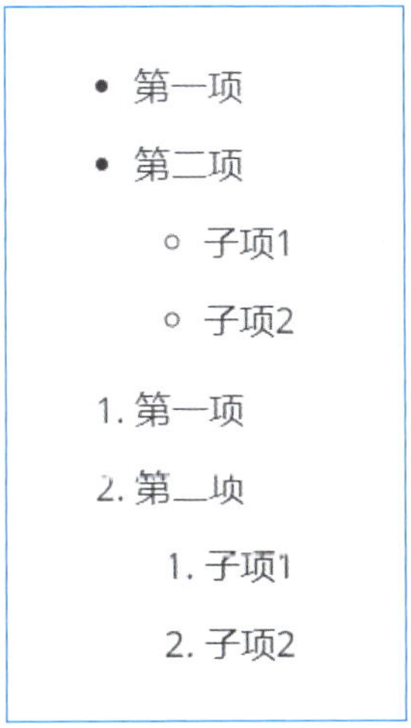

图 2-2　Markdown 列表预览效果

图 2-3　Markdown 引用预览效果

4．粗体和斜体

使用"**"号包围文本表示粗体，使用"*"号包围文本表示斜体，例如：

这是**粗体**文本，这是*斜体*文本。

使用预览工具查看，会看到图 2-4 所示的效果。

图 2-4　Markdown 粗体和斜体预览效果

5．图片

Markdown 图片语法：

![图片alt](图片链接 "图片title")

示例代码如下：

![AI生成图片](./images/溢出.png"这是AI生成的图片。")

使用预览工具查看，会看到图 2-5 所示的效果。

图 2-5　Markdown 图片预览效果

6. 链接

Markdown 允许创建超链接，使用 [链接文本](URL) 格式，例如：

[点击这里访问DeepSeek](https://www.deepseek.com)

使用预览工具查看，会看到图 2-6 所示的效果。

点击这里访问DeepSeek

图 2-6　Markdown 链接预览效果

7. 代码块

使用 3 个反引号（```）将代码块括起来，并在第一行后面添加代码语言名称，例如：

```
代码块示例：
```python
def greet():
    print("Hello, DeepSeek!")
```
```

使用预览工具查看，会看到图 2-7 所示的效果。

```
代码块示例：
```python
def greet():
    print("Hello, DeepSeek!")
```

图 2-7　Markdown 代码块预览效果

> 我们可以在 3 个反引号后面指定具体代码语言，如示例中的"python"是指定这个代码是 Python 代码，它的好处是键字高亮显示。

8. 表格

Markdown 支持简单的表格，通过"|"号分隔列，"-"号分隔表头和内容，例如：

```
| 姓名    | 年龄  | 城市      |
|--------|------|----------|
| 小明    | 25   | 北京      |
| 小红    | 30   | 上海      |
```

使用预览工具查看，会看到图 2-8 所示的效果。

姓名	年龄	城市
小明	25	北京
小红	30	上海

图 2-8　Markdown 表格预览效果

上面介绍的是 Markdown 的基本语法。这些语法已经足够我们完成一些日常工作了。如果有特殊需求，我们可以自行学习其他 Markdown 语法。

2.2.2　使用 Markdown 工具

工欲善其事，必先利其器。编写 Markdown 代码时，我们自然需要好的 Markdown 工具。

13
```

Markdown 工具指专门用来编辑和预览 Markdown 文件的软件，如 VS Code、Typora、Mark Text 等。常见的 Markdown 工具有：

（1）VS Code：VS Code 是一款免费开源的代码编辑器，对 Markdown 语法有很好的支持。我们可以安装 Markdown 相关扩展（插件），实现文件预览、emoji 自动替换、PDF 导出等功能。VS Code 是当前非常流行的 Markdown 编辑工具。

（2）Typora：Typora 是一款简洁大方的 Markdown 编辑器，其界面的简洁美观与平滑流畅让人陶醉，是许多人首选的 Markdown 写作工具。它可以实现实时预览及插入图片、表情符号、TOC 等功能，用起来非常顺手。

（3）Mark Text：Mark Text 是一款开源的 Markdown 编辑器，界面简洁，功能强大，支持实时预览、编辑模式切换、插件扩展等功能，此外还屏蔽了各种复杂设置，专注于文字与思维，是 Markdown 写作的不错选择。

（4）Ulysses：Ulysses 是一款专业的写作软件，方便编辑 Markdown 和其他格式的文稿，提供丰富的导出选项，功能强大，界面简洁大方，具有较高的专业性，适合严肃写作。不过 Ulysses 收费较贵，可能不适合所有用户。

（5）iA Writer：iA Writer 是一款专注于写作的软件，简洁的界面和强大的 Markdown 支持令它深受人们的喜爱。它可以定制主题和字体，专注内容本身，改善写作体验，提高写作效率，但整体功能相对简单，可能无法满足某些用户的全部需求。

我们可以根据个人需求和喜好，选择一款简洁的、功能强大的工具，来高效编辑 Markdown 文档。结合 DeepSeek，我们能够进一步减轻工作量，提升知识创作的效率与质量。

2.2.3 案例 1：生成 Markdown 文档

安装好 Markdown 工具后，我们可以通过一个案例来熟悉一下如何用 DeepSeek 生成 Markdown 文档。

提示词如下：
请生成一份 Markdown 格式的项目计划文档，包含项目名称、目标、时间安排、任务分工和里程碑。

DeepSeek 可能会返回如下 Markdown 文档：
项目计划书
1. 项目概述
项目名称：智能客服系统开发
项目负责人：张三

团队成员：李四、王五、赵六
启动日期：2025年2月15日
预计完成日期：2025年8月30日
2. 项目目标
- 开发一款基于AI的智能客服系统，提高客户服务效率
- 支持多轮对话，自动识别客户需求并提供答案
- 集成语音识别、文本分析等功能，实现多模态交互
3. 主要任务和分工

任务名称	负责人	预计完成时间
需求分析	张三	2025-03-01
技术选型	李四	2025-03-10
AI模型训练	王五	2025-04-15
前端界面设计	赵六	2025-05-01
后端系统开发	李四	2025-06-01
集成与测试	全员	2025-07-15

4. 里程碑计划
- **2025年3月1日** - 需求分析完成
- **2025年4月15日** - AI模型初步训练完成
- **2025年6月1日** - 前后端开发基本完成
- **2025年8月30日** - 产品上线
5. 资源需求
- 服务器资源：GPU服务器2台，存储服务器1台
- 开发工具：Python、TensorFlow、React、MySQL
- 预算：50万元
6. 风险评估与应对
- **技术风险**：AI模型准确率不足 → 提前进行小规模测试
- **进度风险**：开发进度延期 → 设立紧急预案，定期调整计划
- **资金风险**：预算超支 → 设定资金预警机制，合理规划开支
7. 结论
该项目将通过AI技术提升客服效率，减少人工成本，并提升客户满意度。团队将在既定时间内完成开发任务，并确保系统稳定可靠。

复制上述代码，保存为"需求文档.md"文件，如图2-9所示。

图2-9 需求文档预览结果

> 每次提问返回的结果会有所不同，这种现象在不同的AI工具中普遍存在，尤其是在像DeepSeek、ChatGPT这样的语言生成模型中。为什么会出现这种情况呢？这是因为AI模型生成答案的方式是基于概率的。也就是说，模型在回答问题时，会根据已有的上下文推测最有可能的答案，而不是每次都严格按照同一个路径生成结果。

2.2.4　将 Markdown 文档转换为 Word 文档

有时候我们需要将 Markdown 文档转换为 Word 文档。要将 Markdown 文档转换为 Word 文档，可以借助以下两种工具：

1. Pandoc

Pandoc 是一个非常强大的文档转换工具，它可以使用命令行工具快速完成转换，将 Markdown 文档转换为包括 Word 格式（.docx）在内的多种格式文件。

我们可以从 Pandoc 官网下载安装 Pandoc，下载地址为：https://pandoc.org/installing.html。打开该网址，如图 2-10 所示。

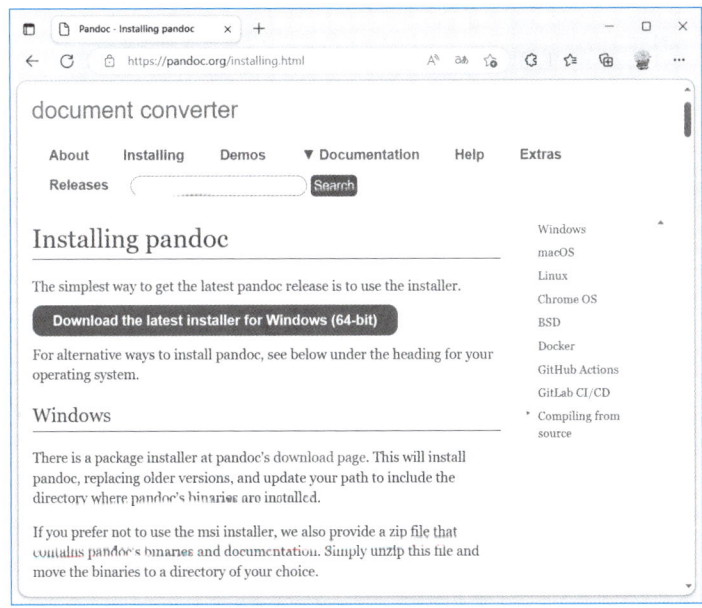

图 2-10　Pandoc 官方网站

我们可以在该网站下载相关操作系统对应的 Pandoc 软件，安装时确保已经将其添加到系统路径中。

安装完成后，通过终端或命令行界面输入以下命令，即可将 Markdown 文档转换为 Word 文档：

```
pandoc input.md -o output.docx
```

其中，input.md 是要转换的 Markdown 文档的名称，output.docx 是生成的 Word 文档的名称。

除了 Pandoc，还有其他一些工具或服务可以实现此功能，如在线 Markdown 转换器、VS Code 扩展程序等。我们可以根据个人需求选择适合自己的工具或服务。

将"需求文档.md"文件转换为"需求文档.docx"的命令，如图 2-11 所示。

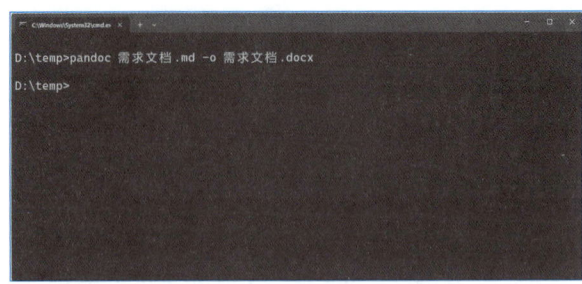

图 2-11 转换为 Word 文档

转换成功后，会看到在当前目录下生成的"需求文档.docx"文件。打开该文件，如图 2-12 所示。

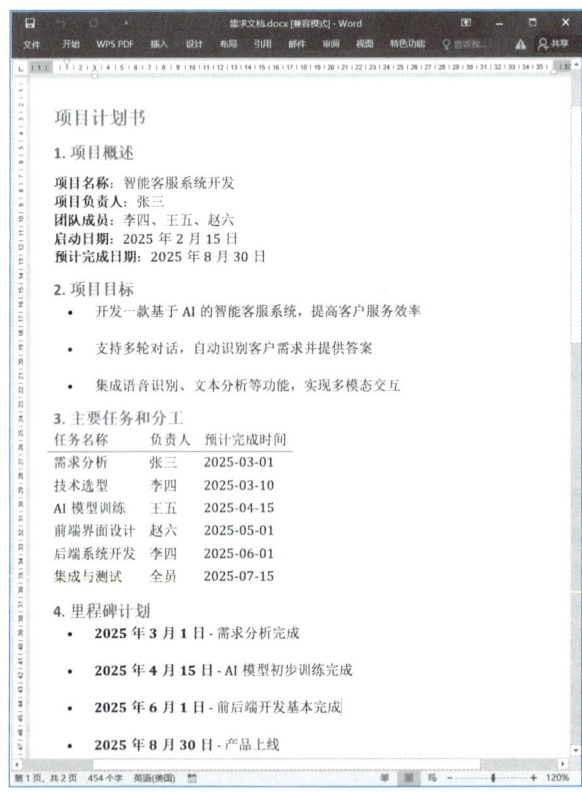

图 2-12 转换成功的需求文档

2. Typora

Typora 是一款非常受欢迎的 Markdown 编辑器，可以直接将 Markdown 文档导出为 Word 文档。

使用步骤：打开 Typora 并导入 Markdown 文档，点击菜单栏中的"文件"→"导出"→"Word"，然后选择保存路径，就可以导出 Word 文档。

2.2.5 将 Markdown 文档转换为 PDF 文档

要将 Markdown 文档转换为 PDF 文档，我们可以使用 Pandoc 或 Typora 等工具，也可以利用 Word 将其转换为 PDF 文档。

读者可以使用 2.2.4 节生成的 Word 文档，并将其导出为 PDF 文档。具体步骤如下。

（1）打开 Word 文档：使用 Microsoft Word 或兼容的办公软件（如 WPS Office）打开已生成的 Word 文档。

（2）进入"导出"界面：点击"文件"→"导出"，在弹出的导出窗口中找到"创建 PDF/XPS 文档"并点击。

2.3 绘图语言

在高效的文档创作和数据展示过程中，绘图语言能够帮助用户更直观地表明思路、流程和结构。DeepSeek 结合绘图语言（如 Mermaid、PlantUML）使得图形与流程图的创建变得更加简便。

本节重点介绍 Mermaid。Mermaid 可以在多种平台上绘制包括流程图、甘特图、时序图、状态图在内的多种图形。

使用 Mermaid 绘制图形的过程如下。

（1）使用 Mermaid 语法描述要绘制的图形。

（2）通过渲染工具将 Mermaid 文本渲染为 SVG 或 PNG 格式图片。

事实上，有了 DeepSeek 以后，读者不需要掌握 Mermaid 语法，直接使用 DeepSeek 生成相关内容就可以了。DeepSeek 能够依据用户的指令，快速且准确地输出符合要求的 Mermaid 代码，助力读者轻松实现各类图表的创建。因此，本书不会对 Mermaid 语法进行详细介绍，而是着重指导读者如何有效地借助 DeepSeek 来达成基于 Mermaid 的图表绘制等目标，以提升使用效率和创作体验。

 读者如果对 Mermaid 语法感兴趣，可以参考如下文档：

（1）流程图，语法参考 https://mermaid-js.github.io/mermaid/#/flowchart

（2）甘特图，语法参考 https://mermaid-js.github.io/mermaid/#/gantt

（3）时序图，语法参考 https://mermaid-js.github.io/mermaid/#/sequenceDiagram

（4）状态图，语法参考 https://mermaid-js.github.io/mermaid/#/stateDiagram

使用 Mermaid 绘制流程图的代码如下：

```
graph TB
  A[产品设计] --> B[开发]
```

```
B --> C[测试]
C --> D[发布]
```

为了将 Mermaid 代码渲染成图片，需要使用 Mermaid 渲染工具。Mermaid 渲染工具有很多，其中 Mermaid Live Editor 是官方提供的在线 Mermaid 编辑器，可以实时预览 Mermaid 图表。打开 Mermaid Live Editor 官网（https://mermaid.live/），如图 2-13 所示，其中左侧是代码窗口，右侧是渲染后的图形窗口。

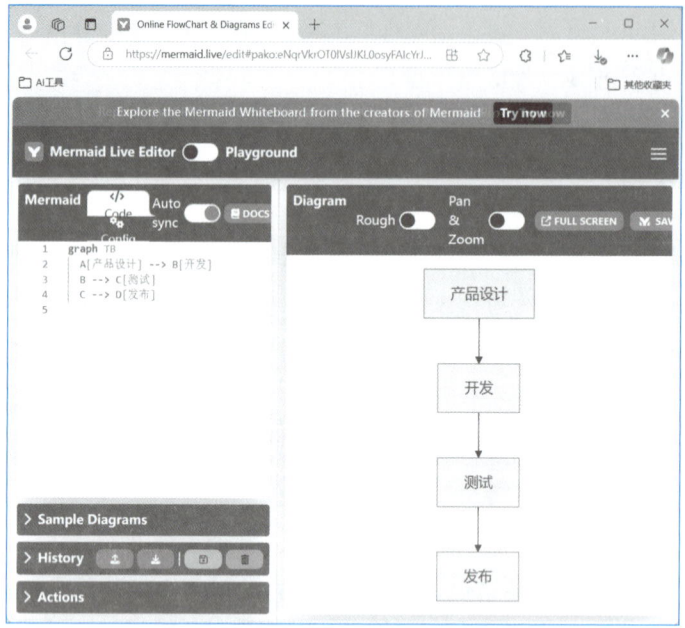

图 2-13　Mermaid Live Editor 官网

在左侧的代码窗口中输入 Mermaid 代码，默认自动同步渲染图形，显示在右侧的渲染图形窗口。读者可以测试一下，如果想把渲染后的图形输出，可以单击"Actions"按钮，打开图 2-14 所示的 Actions 面板，在 Actions 面板中选择保存或分享图片。

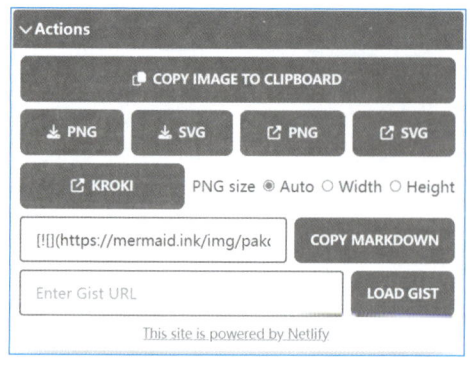

图 2-14　Actions 面板

2.4 本章总结

本章聚焦于构建与 DeepSeek 独特的沟通方式。我们先学习了 DeepSeek 提示词技巧，掌握了精准传达需求的方法，以获取更贴合预期的结果；接着深入 Markdown 领域，熟悉基本语法，学会使用相关工具进行高效文档创作；还掌握了将 Markdown 文档转换为 Word、PDF 文档的操作方法。此外，我们还对绘图语言有了一定了解。通过学习这些内容，我们能更好地与 DeepSeek 沟通，为在办公场景中更高效地运用它来提升工作效率奠定坚实的基础。

扫码看视频

借助 DeepSeek 优化工作思维

本章我们将借助 DeepSeek 的强大功能,深入探索工作思维的优化之道。我们将学习运用表格清晰呈现数据信息,借助思维导图规划工作蓝图,通过鱼骨图精准找出问题根源。让我们一起开启这场思维升级之旅,用更智慧的方式开展工作吧!

3.1 运用表格清晰呈现工作数据与信息

在工作中,数据和信息的整理与呈现至关重要。表格作为一种简洁、直观的工具,能够帮助我们有序地组织各类数据,便于分析和比较。借助 DeepSeek,我们可以更高效地创建和优化表格,使其更好地服务工作。

3.1.1 Markdown 表格

Markdown 表格非常重要。它不仅能够帮助用户快速创建结构化的表格,而且借助 DeepSeek 的能力,可以优化表格的生成和处理流程。

第 2.2 节介绍的是 Markdown 表格最基本的语法,但并未介绍对齐方式,下面详细介绍一下:

Markdown 表格通过在表头分隔线中使用冒号来控制对齐方式,可以控制每列的对齐方式。Markdown 允许三种对齐方式:左对齐、右对齐和居中对齐。

(1)左对齐:默认情况下,Markdown 表格的内容会左对齐,例如:

```
| 姓名     | 职位        | 入职日期       |
|---------|------------|--------------|
| 张三     | 开发工程师   | 2023-01-01   |
| 李四     | 产品经理     | 2022-06-15   |
| 王五     | 测试工程师   | 2021-12-22   |
```

为了明确地设置左对齐,还可以在分隔线的左边添加冒号。使用预览工具查看,会看到图 3-1 所示的效果。

姓名	职位	入职日期
张三	开发工程师	2023-01-01
李四	产品经理	2022-06-15
王五	测试工程师	2021-12-22

图 3-1　Markdown 表格预览效果（左对齐）

（2）右对齐：在分隔线的右边添加冒号，可以将该列内容设置为右对齐，例如：

```
| 姓名     | 职位       | 入职日期      |
|-------:|---------:|-----------:|
| 张三     | 开发工程师    | 2023-01-01 |
| 李四     | 产品经理     | 2022-06-15 |
| 王五     | 测试工程师    | 2021-12-22 |
```

使用预览工具查看，会看到图 3-2 所示的效果。

姓名	职位	入职日期
张三	开发工程师	2023-01-01
李四	产品经理	2022-06-15
王五	测试工程师	2021-12-22

图 3-2　Markdown 表格预览效果（右对齐）

（3）居中对齐：在分隔线两边都添加冒号，可以将该列内容设置为居中对齐，例如：

```
| 姓名     | 职位       | 入职日期      |
|:------:|:--------:|:----------:|
| 张三     | 开发工程师    | 2023-01-01 |
| 李四     | 产品经理     | 2022-06-15 |
| 王五     | 测试工程师    | 2021-12-22 |
```

使用预览工具查看，会看到图 3-3 所示的效果。

姓名	职位	入职日期
张三	开发工程师	2023-01-01
李四	产品经理	2022-06-15
王五	测试工程师	2021-12-22

图 3-3　Markdown 表格预览效果（居中对齐）

3.1.2 案例 2：制作广告投放渠道信息的 Markdown 表格

下面通过一个案例介绍一下如何使用 DeepSeek 辅助制作 Markdown 表格。

 案例背景

某广告公司承接了一家运动品牌的广告投放项目，策划部门需要制订详细的广告投放方案，其中包括对不同广告投放渠道的分析和规划。为了清晰地展示各渠道的特点、预算、预期受众等信息，策划人员决定制作一个 Markdown 表格，并借助 DeepSeek 来辅助完成。

使用 DeepSeek 辅助制作 Markdown 表格的过程如下。

提示词如下：

请帮我生成一个 Markdown 格式的表格，用于展示运动品牌广告投放的不同渠道信息。表格需包含渠道名称、单次投放费用（单位：元）、预计覆盖受众数量（单位：人）、受众年龄区间、适合推广的产品类型、投放优势。请列举 5 种常见的广告投放渠道及其相关数据，数据请合理设置。

DeepSeek 处理指令后，返回如下 Markdown 表格：

运动品牌广告投放渠道信息

渠道名称	单次投放费用（元）	预计覆盖受众数量（人）	受众年龄区间	适合推广的产品类型	投放优势
社交媒体平台	30,000	500,000	18～35 岁	运动鞋、运动服、配件	精准定位年轻人群，互动性强
搜索引擎广告	20,000	300,000	18～45 岁	健身器材、运动营养品	高转化率，用户意图明确
体育赛事广告	50,000	800,000	18～50 岁	高端运动鞋、运动装备	高曝光度，关联性强
线上视频平台	40,000	600,000	18～40 岁	跑步鞋、运动服、健身器材	强视觉冲击力，覆盖面广
户外广告	60,000	1,000,000	18～60 岁	跑步鞋、运动装备、饮料	高街头曝光率，适合大规模投放

复制上述代码并保存为"运动品牌广告投放渠道信息.md"文件,如图 3-4 所示。

运动品牌广告投放渠道信息

渠道名称	单次投放费用(元)	预计覆盖受众数量(人)	受众年龄区间	适合推广的产品类型	投放优势
社交媒体平台	30,000	500,000	18~35岁	运动鞋、运动服、配件	精准定位年轻人群,互动性强
搜索引擎广告	20,000	300,000	18~45岁	健身器材、运动营养品	高转化率,用户意图明确
体育赛事广告	50,000	800,000	18~50岁	高端运动鞋、运动装备	高曝光度,关联性强
线上视频平台	40,000	600,000	18~40岁	跑步鞋、运动服、健身器材	强视觉冲击力,覆盖面广
户外广告	60,000	1,000,000	18~60岁	跑步鞋、运动装备、饮料	高街头曝光率,适合大规模投放

图 3-4 "运动品牌广告投放渠道信息"Markdown 表格

3.1.3 CSV 电子表格

第 3.1.1 节介绍的是 Markdown 表格。此外,DeepSeek 还可以返回 CSV 电子表格。

CSV,全称是 Comma-Separated Values,即逗号分隔值,是一种常见的以纯文本形式存储的电子表格。CSV 文件可以被许多应用程序读取和编辑,例如 Microsoft Excel、Google Sheets 等。每行表示一行记录,每个字段之间用逗号分隔。通常第一行包含表头,其余行包含数据。以下是一个包含表头和三行数据的简单示例:

姓名,年龄,部门,职位
张三,28,销售部,销售代表
李四,32,技术部,软件工程师
王五,25,市场部,市场专员

CSV 文件是文本文件,因此可以使用任何文本编辑工具编辑,图 3-5 所示是使用记事本工具编辑 CSV 文件。

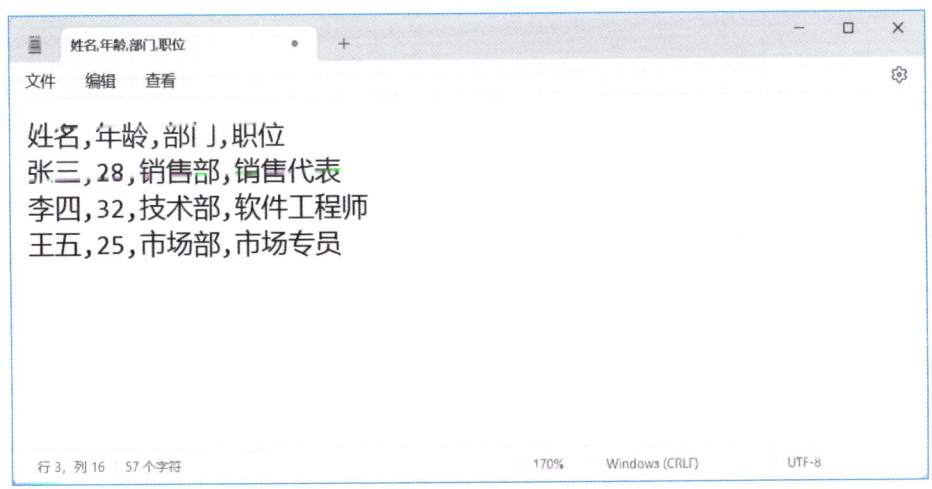

图 3-5 在记事本中编辑 CSV 文件

将文件保存为"员工信息.csv"文件，如图 3-6 所示，注意编码要选择 ANSI。

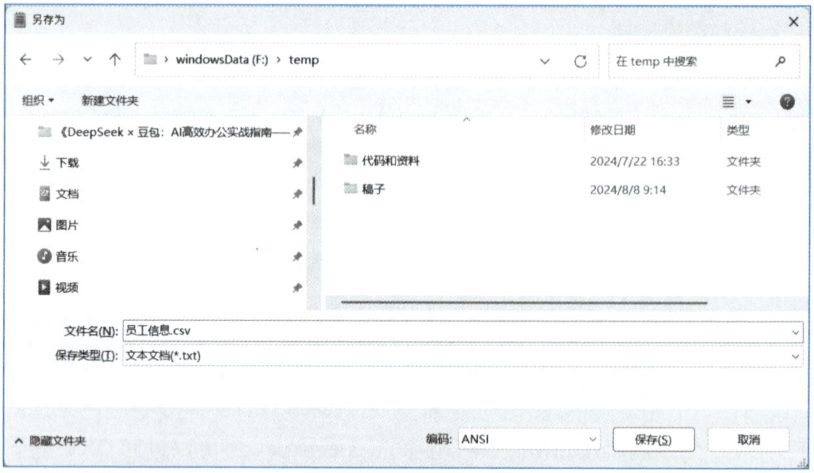

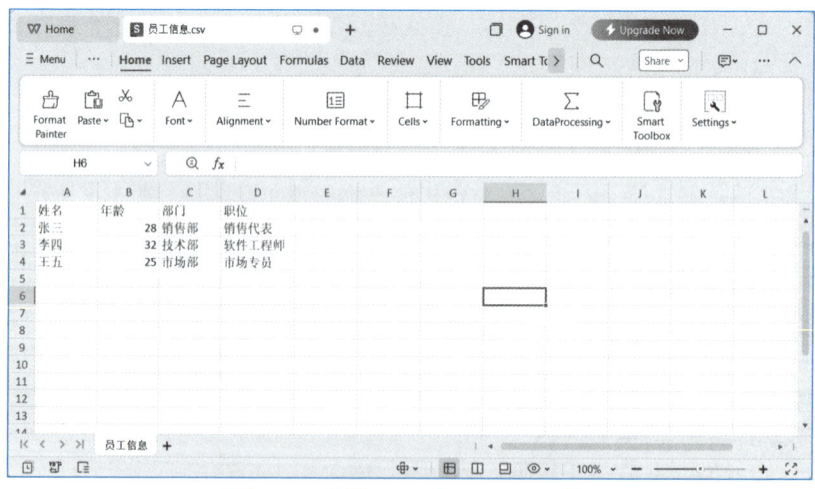

图 3-6　保存为 CSV 文件

保存好 CSV 文件之后，我们可以用 Excel 或 WPS 等工具打开。图 3-7 所示是使用 WPS 打开 CSV 文件。

图 3-7　使用 WPS 打开 CSV 文件

> 保存 CSV 文件时要注意字符集问题。如果是在简体中文系统下，推荐字符集选择 ANSI。ANSI 在简体中文系统中是 GBK 编码。如果不能正确选择字符集，会有中文乱码。图 3-8 所示是用 Excel 工具打开 UTF-8 编码的 CSV 文件，出现了中文乱码，而用 WPS 工具打开则不会有乱码。

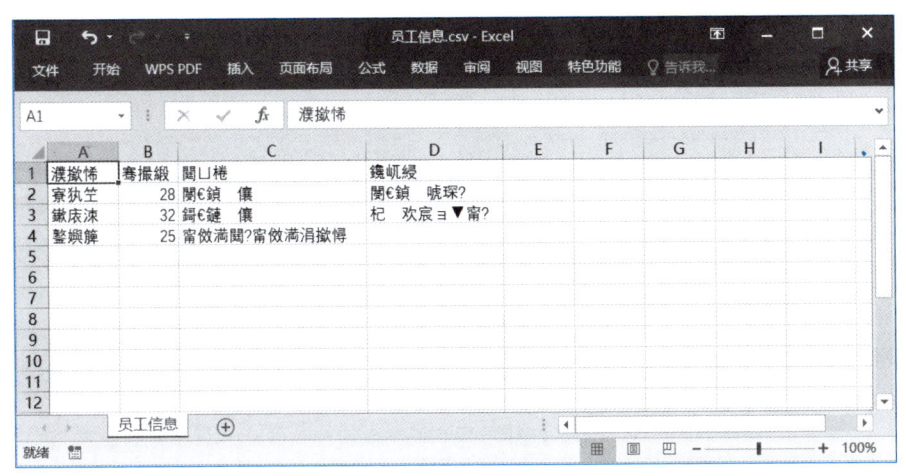

图 3-8　CSV 文件乱码

由于 CSV 文件是通过英文逗号分隔每一列数据的，那么如果数据项目的内容中包含英文逗号，则会出现内容显示混乱的情况。如图 3-9，其中编号为 1 的商品"智能手表"，其"商品特点"本应是"长续航，健康监测，心率追踪，睡眠分析"，但由于使用了英文逗号作为 CSV 文件的列分隔符，而"商品特点"内容中也包含英文逗号，就导致"长续航，健康监测"和"心率追踪，睡眠分析"被错误地分成了两列，从而令数据显示混乱。那么如何解决这个问题呢？最简单的办法是将英文逗号换成中文逗号，如图 3-10 所示。

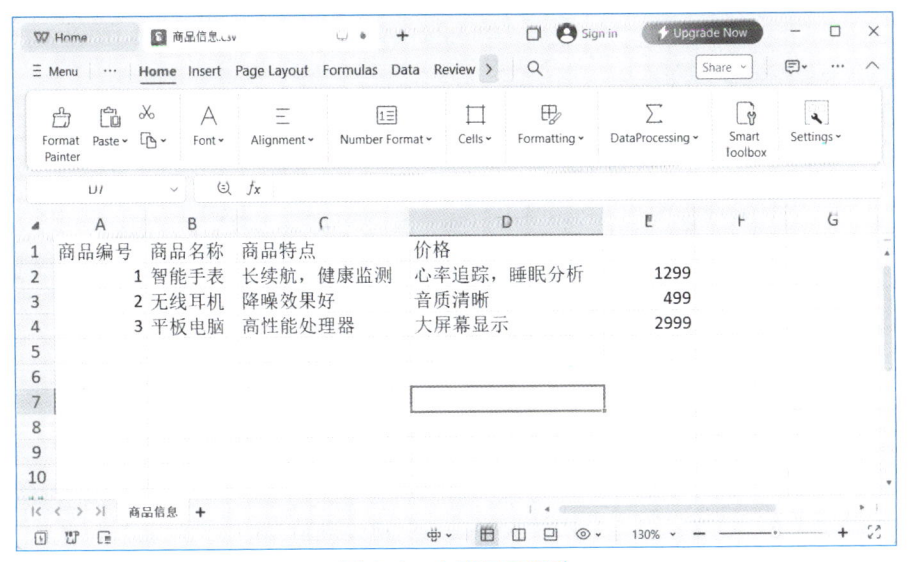

图 3-9　内容显示混乱

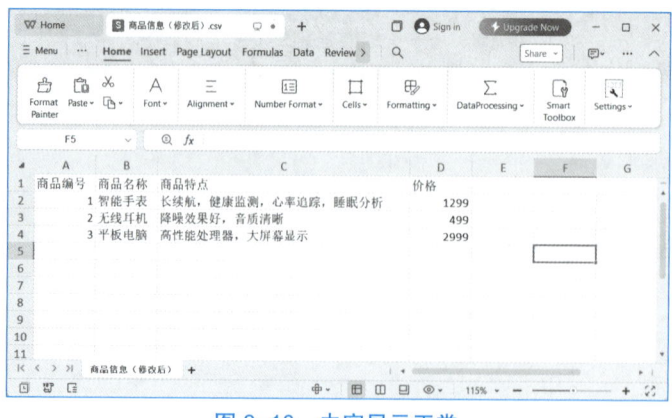

图 3-10　内容显示正常

3.1.4　转换为 Excel

我们制作的 CSV 表格是如何变成 Excel 文件的呢？读者可以使用 Excel 或 WPS 等工具打开 CSV 文件，选择菜单"文件"→"另存为"，弹出文件保存对话框，在保存文件类型中选择 *.xlsx，如图 3-11 所示。

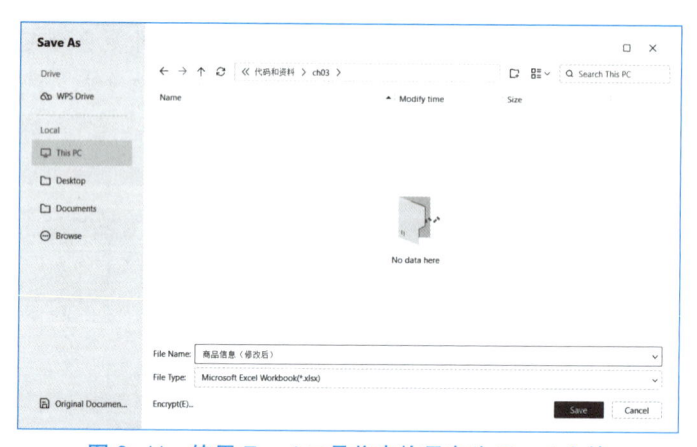

图 3-11　使用 Excel 工具将表格另存为 Excel 文件

3.2　构建思维导图，规划工作蓝图

思维导图是一种图形化的思维工具，通常以树状结构对信息、概念或任务进行组织和表达，通过将主题放在中心、分支出相关信息或想法的方式，帮助用户厘清思路、激发创造力，并有效地管理复杂信息。它不仅能够提高用户处理信息的能力，还可以帮助用户提高工作效率。尤其是在梳理大量信息时，思维导图是一个不可或缺的工具。

3.2.1 思维导图概述

思维导图是一种以图形化方式展现思维的工具，通常围绕一个中心主题展开，通过分支结构将相关信息逐层展开。每个分支代表一个具体的主题或概念，分支上的节点则对应着与该主题相关的更多细节或任务。思维导图通常采用不同的颜色、符号和图形来突出重要信息，帮助人们记忆、理解和应用。

思维导图的核心特点是：

（1）图形化结构：通过树状或放射状结构有层次地展示信息。
（2）层次化关系：按照重要性或逻辑关系分层组织信息。
（3）创意表达：使用图像、符号、颜色等元素，激发创造性思维。
（4）简单易懂：易于快速理解、复习和回顾复杂内容。

目前有许多优秀的思维导图绘制工具可供选择，如 XMind、MindManager、FreeMind、百度脑图等。这些工具都提供了丰富的功能和美观的界面，能够满足不同用户的需求。例如，XMind 具有强大的绘图功能和丰富的主题样式，可以绘制出非常精美的思维导图；MindManager 则在团队协作和项目管理方面表现出色，支持多人同时编辑和共享思维导图。图 3-12 所示是 XMind 绘制的思维导图。

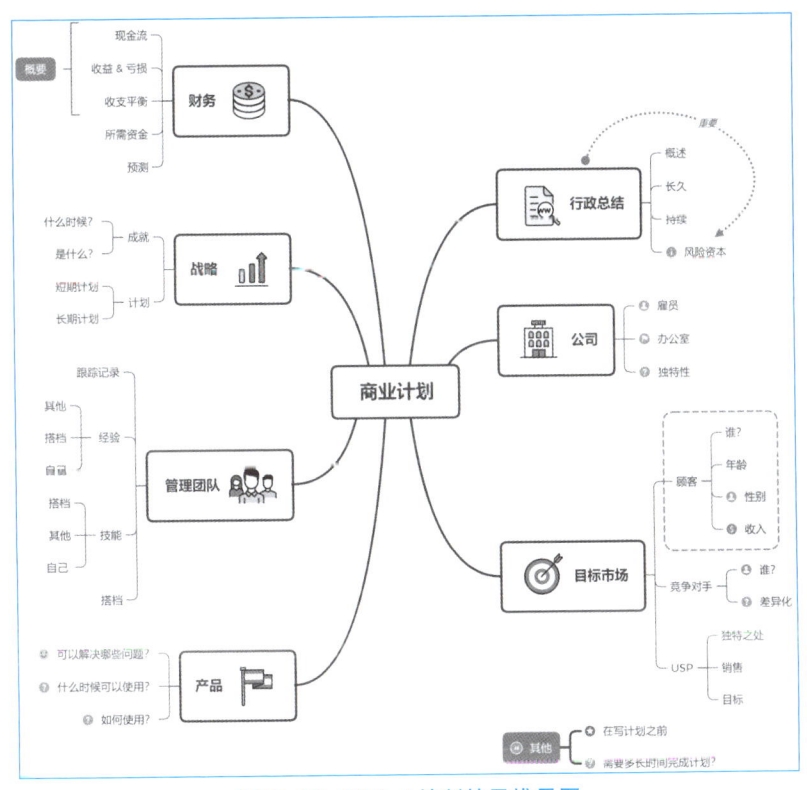

图 3-12　XMind 绘制的思维导图

3.2.2　借助 DeepSeek 优化思维导图

DeepSeek 作为一款先进的 AI 工具，能够在思维导图的构建和优化过程中提供强大的支持。通过与思维导图工具的结合，用户可以更高效地整理思路、规划项目，并实现信息的可视化。可以通过如下方法实现：

（1）通过 DeepSeek 生成用 Markdown 代码描述的思维导图，再使用思维导图工具导入 Markdown 代码。

（2）使用 DeepSeek 通过 Mermaid 绘制思维导图，图 3-13 所示是一个使用 Mermaid 绘制的简单的思维导图。

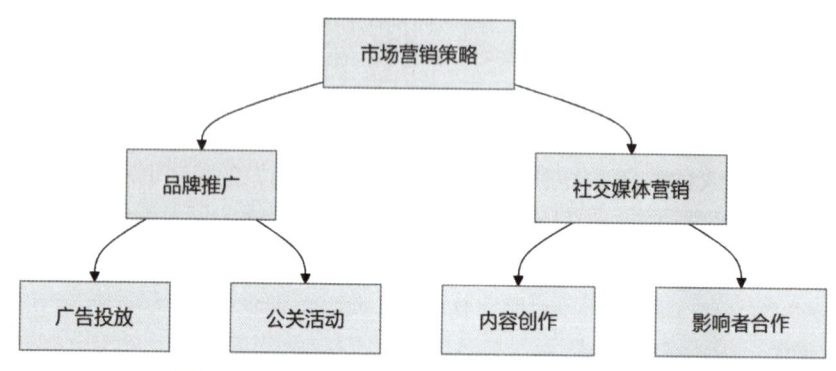

图 3-13　使用 Mermaid 绘制的简单的思维导图

3.2.3　案例 3：使用 Markdown 绘制"市场营销策略"思维导图

下面通过一个案例给大家介绍一下如何借助 DeepSeek 使用 Markdown 绘制思维导图。

案例背景

假设你是一位市场营销经理，正在为一家公司制定一套完整的市场营销策略。你的任务是确保营销活动能够在不同渠道和营销方式上达到预期效果，提升品牌知名度并吸引目标客户。为了高效规划这些策略，你决定使用思维导图来梳理思路并确定各个营销环节的优先级。

你希望涵盖以下几个方面：

- 品牌推广
- 社交媒体营销
- 内容创作
- 广告投放
- 影响者合作

为了确保思路全面且有条理，你希望通过 DeepSeek 获取一些关于如何构建营销策略的建议，然后将这些建议转化为思维导图。

通过 DeepSeek 获取关于"市场营销策略"的结构化框架，提示词如下：

请帮我规划一个关于"市场营销策略"的思维导图，包含品牌推广、社交媒体营销、内容创作、广告投放和影响者合作等方面的内容。

返回 Markdown 文档，注意主题层次关系。

DeepSeek 返回如下 Markdown 文档：

市场营销策略思维导图
一、品牌推广
1.1 品牌定位
- 目标市场分析
- 核心价值主张
- 差异化竞争策略
1.2 品牌形象
- VI 视觉系统（Logo/配色/字体）
- 品牌故事与情感联结
- 品牌文化输出
1.3 品牌传播
- 公关活动策划
- 跨界联名合作
- KOL 背书策略
二、社交媒体营销
2.1 平台选择
- 微信平台（公众号/小程序）
- 短视频平台（抖音/快手/B 站）
- 社交平台（微博/小红书）
2.2 内容策略
- 热点追踪与借势营销
- UGC/PGC 内容激励计划
- 话题标签运营（#品牌话题）
2.3 互动管理
- 评论区运营技巧
- 粉丝社群运营
- 裂变活动设计
三、内容创作
3.1 内容规划

- 用户需求图谱分析
- 内容矩阵搭建（图文/视频/直播）
- 内容日历排期
3.2 创意生产
- 痛点场景化呈现
- 数据可视化表达
- A/B 测试优化
3.3 分发渠道
- 自有媒体（官网/App）
- 付费媒体（信息流广告）
- 赢得媒体（口碑传播）
四、广告投放
4.1 渠道选择
- 搜索引擎广告（SEM）
- 信息流广告（头条/腾讯广点通）
- DSP 程序化购买
4.2 投放策略
- LBS 地理定向
- 人群画像分层
- 智能出价系统
4.3 效果评估
- CTR 点击率分析
- CVR 转化率追踪
- ROAS 广告回报率计算
五、影响者合作
5.1 达人筛选
- 粉丝画像匹配度
- 内容调性评估
- 商业合作历史分析
5.2 合作模式
- 产品体验种草
- 直播带货分佣
- 联名内容共创
5.3 效果追踪
- 互动量监测（点赞/评论/分享）

```
- 带货转化链路跟踪
- 品牌搜索指数变化
```

将上述 Markdown 代码复制并保存为"市场营销策略.md"文件。

XMind 工具提供了导入 Markdown 文件的功能，因此可以直接使用 XMind 工具导入这个生成的 Markdown 文件。

导入过程：打开 XMind 工具，通过菜单"文件"→"导入"→"Markdown"，弹出导入文件对话框，选择要导入的 Markdown 文件。导入成功，如图 3-14 所示。

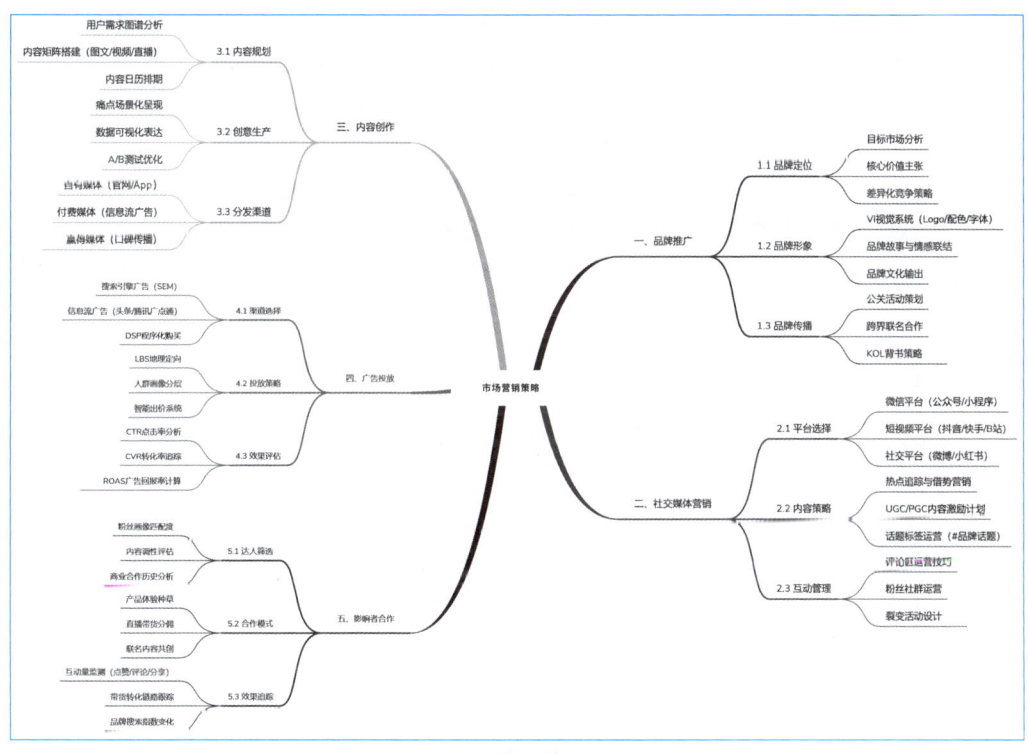

图 3-14 "市场营销策略"思维导图

3.3 利用鱼骨图，精准找出问题根源

鱼骨图，又称因果图或石川图，是一种用分支图表示因果关系的可视化工具。它通过一个鱼骨结构，清晰地展示一个结果（鱼头）和其影响因素（鱼骨）之间的关系。图 3-15 所示是一个项目逾期原因分析的鱼骨图。

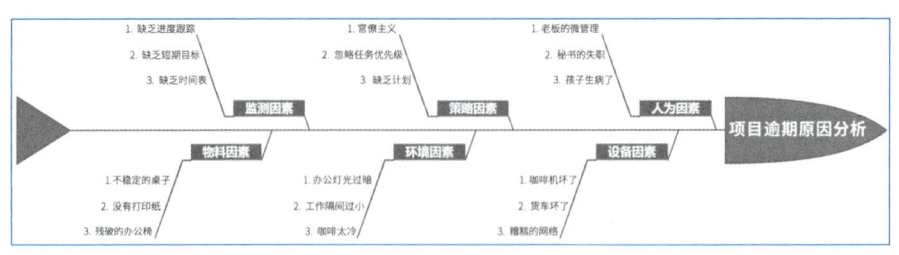

图 3-15 "项目逾期原因分析"鱼骨图

3.3.1 鱼骨图概述

鱼骨图由一个"鱼骨"的主干和多个分支组成，主要分为以下几部分：
（1）主干：位于鱼骨图的中间，表示目标或待解决的问题。
（2）大骨架：从主干向外延伸的主要分支，每个分支代表一个主因素。
（3）小骨架：进一步细化的分支，列出每个主因素下的具体因素或子因素。

鱼骨图通常用来追溯和分析因果关系，帮助团队从不同角度全面分析问题并找出根源。例如，可能有多个因素导致了某个质量问题的出现，鱼骨图有助于系统地展示这些因素并对其进行归类。

3.3.2 鱼骨图的应用场景

鱼骨图的应用场景非常广泛，尤其适合解决复杂的问题。它常用于：
（1）质量管理：帮助团队找出产品或服务质量问题的根本原因。
（2）项目管理：用于分析项目进度滞后或成本偏差的根本原因。
（3）客户服务：分析客户投诉的根源，改进服务质量。
（4）业务流程优化：帮助团队找出业务流程中效率低下的因素。

3.3.3 使用 DeepSeek 绘制鱼骨图

DeepSeek 可以很好地辅助人工绘制鱼骨图，主要作用如下：
（1）分析问题或情况描述，提取关键信息与影响因素。DeepSeek 可以理解人工输入的问题描述或项目情况，分析出关键结果、影响因素及其关系，为绘制鱼骨图提供基础信息。
（2）搭建鱼骨图的框架结构。根据提取的关键信息，DeepSeek 可以搭建鱼骨图的框架结构，包括鱼头（结果）、大骨架（主因素）和各级小骨架（具体因素）。我们可以根据业务知识对框架内容进行修正或补充。
（3）自动生成鱼骨图初稿。在确定框架结构后，DeepSeek 可以自动生成鱼骨图初稿，包括每个节点的表述以及箭头表示的关系。我们可以对节点表述或关系进行调整，然后修订为最终版图。
（4）对鱼骨图进行分析与解释。DeepSeek 可以根据鱼骨图分析出导致结果产生的关键影响因素，解释各影响因素之间的相互关系，并提出改进建议。这有助于我们作出进一步的分析与决策。

但是，DeepSeek 在表述复杂概念与逻辑关系方面仍有限制，自动生成的鱼骨图框架与内容还需要进行人工检查与修正，特别是在表述某一领域专业知识时，更是如此。DeepSeek 也难以实现对深度思维与意图的完全理解，这会限制其分析问题与提出解决方案的能力。

3.3.4 案例4：使用 DeepSeek 绘制"销售额下滑问题"鱼骨图

下面通过一个案例介绍一下如何使用 DeepSeek 辅助绘制鱼骨图。

案例背景

某电商公司在进行季度销售数据分析时，发现销售额出现显著下滑，且下滑幅度较大。公司高层决定展开详细调查，找出导致销售额下滑问题的根本原因，以便采取具有针对性的改进措施。为了系统分析问题，团队决定将鱼骨图作为问题分析工具，借助 DeepSeek 快速绘制并优化鱼骨图。

提示词如下：

我是某电商公司的员工，公司在进行季度销售数据分析时，发现销售额显著下滑。我们想用鱼骨图分析原因。请帮我生成一个关于"销售额下滑问题"的鱼骨图框架，从人员、市场、产品、营销、运营几个方面分析可能导致该问题的原因，每个方面至少列举3个具体原因，并以 Markdown 文档格式呈现，方便我后续整理。

DeepSeek 返回如下 Markdown 文档：

销售额下滑问题

人员方面

- 销售人员销售技巧不足，无法有效促成交易。
- 客服人员服务质量下降，导致客户流失。
- 新员工培训不到位，工作效率低下。

市场方面

- 市场竞争加剧，竞争对手推出更具吸引力的产品和优惠活动。
- 目标市场需求发生变化，公司未能及时调整产品和策略。
- 经济形势不佳，消费者购买力下降。

产品方面

- 产品质量出现问题，影响品牌声誉和客户购买意愿。
- 产品更新换代慢，无法满足消费者对新功能和新体验的需求。
- 产品种类单一，无法满足不同客户群体的需求。

```
## 营销方面
- 广告投放效果不佳，未能有效吸引目标客户。
- 营销活动缺乏创意，没有引起消费者的兴趣和关注。
- 社交媒体营销不到位，品牌曝光度不足。
## 运营方面
- 物流配送速度慢，导致客户满意度下降。
- 网站或 App 性能不稳定，影响用户购物体验。
- 库存管理不善，出现缺货、断货现象。
```

将上述代码复制粘贴并保存为"销售额下滑问题.md"，然后参考第 3.2.3 节的内容，使用 XMind 工具导入 Markdown 文档，获得思维导图。导入成功，如图 3-16 所示。

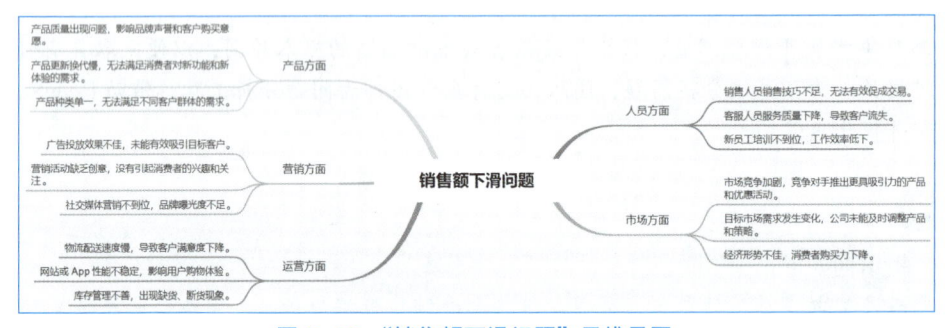

图 3-16 "销售额下滑问题"思维导图

图 3-16 并不像鱼骨图，我们需要使用 XMind 工具将其转换为鱼骨图。图 3-17 所示是将思维导图转换为鱼骨图。转换成功的鱼骨图如图 3-18 所示。

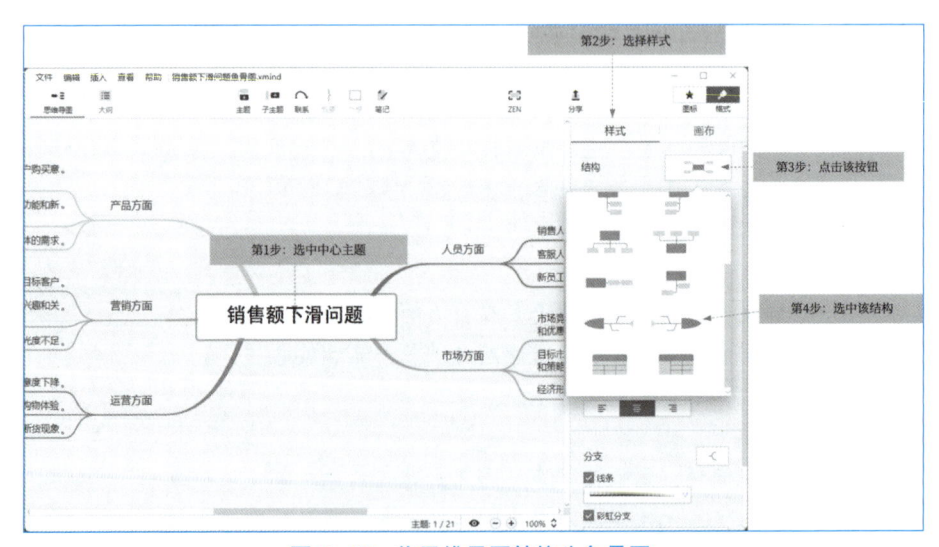

图 3-17 将思维导图转换为鱼骨图

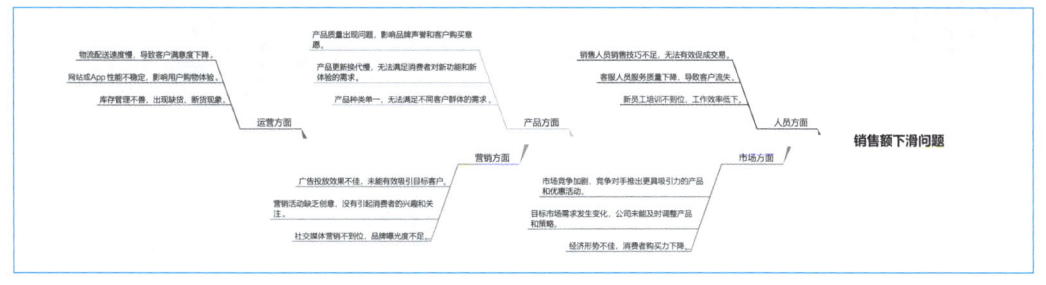

图 3-18　转换成功的鱼骨图

如果读者不喜欢默认风格，可以选择"画布"→"变更风格"。图 3-19 所示是笔者变更风格后的鱼骨图。

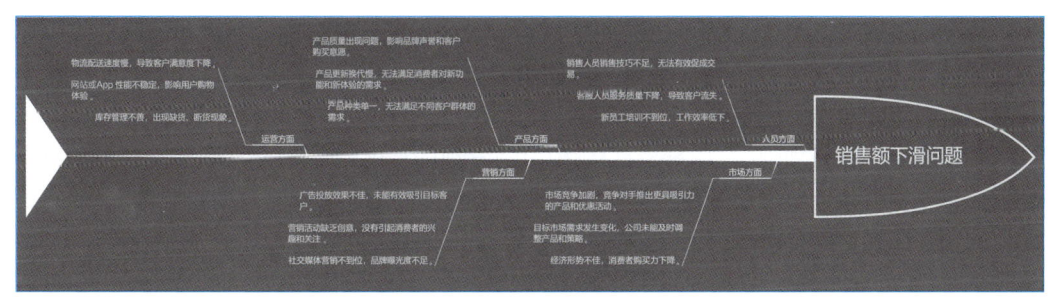

图 3-19　变更风格后的鱼骨图

从鱼骨图中，我们可以非常直观地看出销售额下滑的原因。

3.4　本章总结

本章聚焦于借助 DeepSeek 优化工作思维。我们掌握了用表格呈现工作数据与信息的技能，包括制作 Markdown 表格、CSV 电子表格及格式转换；学会了借助思维导图规划工作，并利用 DeepSeek 对其进行优化；还学会了通过鱼骨图精准找出问题根源，并结合案例掌握了用 DeepSeek 绘制鱼骨图的方法。这些方法有效提升了我们的思维能力与解决问题的能力，让工作更高效。

第 4 章

时间管理的智能伙伴

在快节奏的现代办公环境中，时间是最为宝贵的资源。如何高效地进行时间管理，在有限的时间内完成更多的工作，是每一位职场人士都面临的重大挑战。合理的时间安排不仅能够提高工作效率，还能提升生活质量，让我们在工作与生活之间找到平衡。

本章我们将探索如何让 DeepSeek 成为时间管理的智能伙伴。我们将学习利用日历管理优化日程安排，借助番茄工作法提升专注度。这些方法能让时间管理变得更加轻松高效，助力我们在职场中脱颖而出。

4.1 利用日历管理，优化日程安排

日历管理是一种基础的时间管理方法，它能够帮助我们清晰地看到每一天的安排，并确保我们能按时完成任务。现代智能日历工具能够自动地进行日程安排，提醒用户重要事件和任务，并帮助用户合理分配时间。

4.1.1 时间管理工具

在现代职场中，有效的时间管理不仅仅依靠自我约束和规划。先进的时间管理工具可以大大提升工作效率，优化工作流程。各种智能工具和应用程序已成为我们日常工作中不可或缺的助手，帮助我们更好地组织任务、设定优先级、自动提醒并优化日程安排。以下是一些常用的时间管理工具：

（1）日历：最基本也最常用的时间管理工具。

（2）任务列表：列出需要完成的任务，然后根据优先级和截止日期合理安排任务顺序。

（3）时间管理软件：如 Todoist、印象笔记、钉钉等，具备上述多个功能，提供更丰富便捷的时间管理体验。

（4）番茄工作法：这是一种基于番茄钟的时间管理技巧，通过设定工作和休息时间提高效率。

我们可以选择最适合个人使用的工具，并掌握其应用方法与技巧，从而达到事半功倍

的时间管理效果。下面重点介绍日历和番茄工作法，以及其与 DeepSeek 结合使用的方法。

4.1.2 使用日历管理时间

日历可以帮助我们以日为单位规划和管理时间，将需要完成的任务或事件在日历上标注，避免遗忘或逾期。

日历管理软件有很多，笔者推荐 Excel 日历、桌面或移动设备上的日历应用程序。

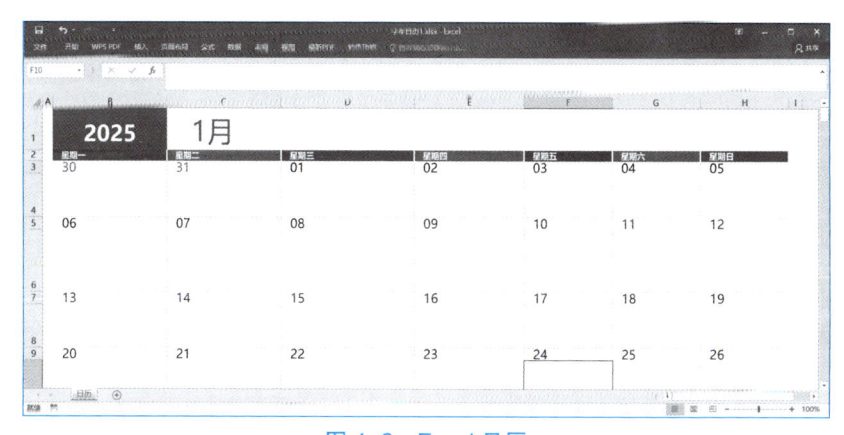

4.1.3 Excel 日历

Excel 软件提供日历模板（如图 4-1 所示），可由此创建 Excel 日历（如图 4-2 所示）。

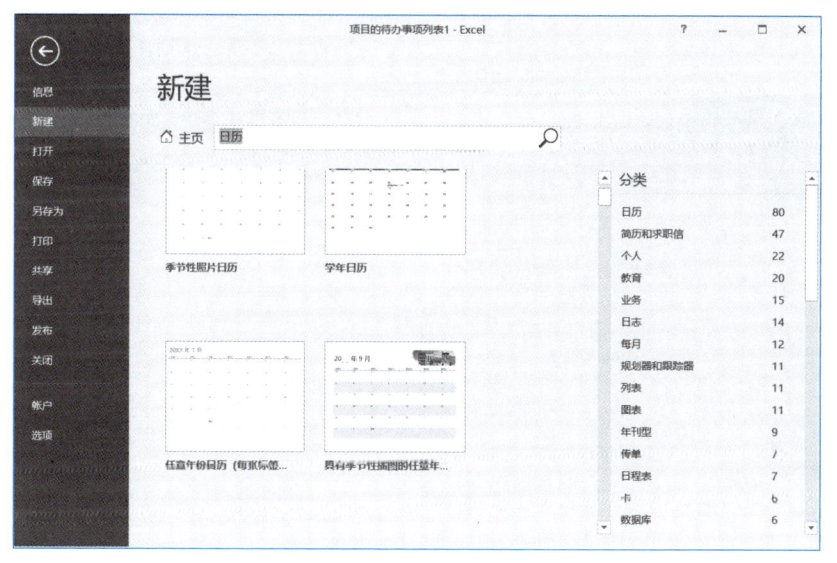

图 4-1　Excel 日历模板

图 4-2　Excel 日历

Excel 日历具体的使用步骤不再赘述。

> 由于 Office 版本的差异，有的读者可能在 Excel 软件中找不到图 4-1 所示的日历模板。如果没有，读者可以在本书的配套资料中找到模板文件。

4.1.4 Windows 系统日历工具——Microsoft Outlook

Microsoft Outlook（如图 4-3 所示）是一款集成的日历和电子邮件管理工具，广泛用于工作中的日程安排和任务管理，尤其在企业环境中得到了广泛应用。它不仅可以帮助读者高效管理日常工作，还能进行任务提醒、事件邀请、会议安排等一系列活动管理。

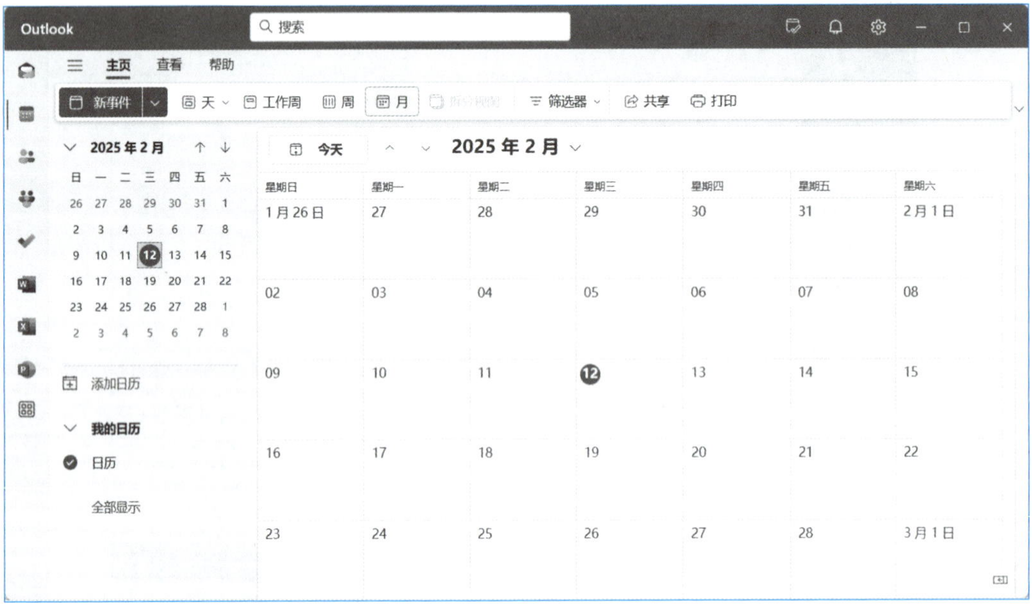

图 4-3 Microsoft Outlook 工具

4.1.5 Google 日历

Google 日历（如图 4-4 所示）是 Google 提供的一款免费在线日历工具，广泛应用于个人和企业的日程管理。它与 Google 生态系统紧密集成，可以与 Gmail、Google Meet、Google Drive 等其他 Google 服务工具配合使用，方便用户随时随地管理日程、安排会议和分享活动。

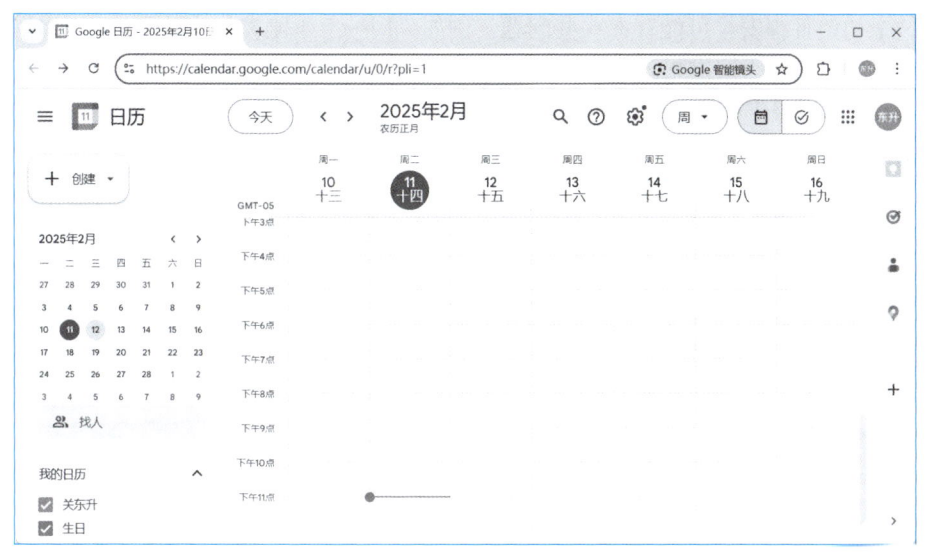

图 4-4 Google 日历工具

4.1.6 案例 5：使用 DeepSeek 辅助优化"一周工作日程安排"

在日常工作中，合理且高效的一周工作日程安排至关重要，它能帮助我们有条不紊地推进各项任务，提升工作效率。当面临如多个项目会议、演讲报告以及团队建设活动等复杂任务时，我们可以借助 DeepSeek 对一周工作日程进行更科学的优化。以下是一个具体案例，展示如何利用 DeepSeek 来优化包含三个项目会议、两次演讲报告和一次团队建设活动的一周工作日程安排。

假设初始一周工作日程安排如图 4-5 所示。

日期	上午（9:00～12:00）	下午（13:30～17:30）
周一	参加第一个项目会议	继续处理项目相关任务，为第二次演讲报告做初步准备
周二	撰写第一次演讲报告的内容	参加第二个项目会议
周三	完善第一次演讲报告材料，进行排练	进行第一次演讲报告
周四	准备第三个项目会议资料	参加第三个项目会议
周五	进行第二次演讲报告	开展团队建设活动
周六、周日	休息	休息

图 4-5 初始一周工作日程安排

这个初始日程安排可能存在一些问题。例如，周一上午刚参加完项目会议，下午紧接着处理项目任务和为演讲报告做准备，任务转换过于频繁，可能导致工作效率降低；周二和周三围绕演讲报告和项目会议的安排较为紧凑，没有足够的时间进行充分的准备和调整。

我们可以借助 DeepSeek 优化日程安排。

提示词如下：

我目前的一周工作日程安排如下：

周一上午参加第一个项目会议，下午继续处理项目相关任务并为第二次演讲报告做初步准备；周二上午撰写第一次演讲报告的内容，下午参加第二个项目会议；周三上午完善第一次演讲报告材料并进行排练，下午进行第一次演讲报告；周四上午准备第三个项目会议资料，下午参加第三个项目会议；周五上午进行第二次演讲报告，下午开展团队建设活动；周六和周日休息。这个日程存在任务转换频繁、准备时间不足等问题。请帮我优化这份日程安排，确保每个任务都有足够的准备时间，避免任务过度集中在某一天，同时合理安排休息和调整的时间，提高工作效率。

DeepSeek 输出如下：

周一：

上午：参加第一个项目会议。

下午：处理项目相关任务并整理会议记录、完成后续步骤。开始为第二次演讲报告收集资料、构建思路。

周二：

上午：撰写第一次演讲报告的框架和内容。

下午：参加第二个项目会议，记录关键要点并对后续任务进行规划。整理第二次演讲报告的内容和结构。

周三：

上午：继续完善第一次演讲报告材料，优化内容，准备排练。

下午：进行第一次演讲报告排练，调整演讲内容和节奏，做好心理准备。进行第一次演讲报告。

周四：

上午：准备第三个项目会议资料，确保所有相关信息整理清晰。

下午：参加第三个项目会议，处理会议后的任务并总结讨论要点。

周五：

上午：进行第二次演讲报告，确保准备充分，完成演讲任务。

下午：开展团队建设活动，放松身心，回顾本周工作并进行总结。

周六：
全天：休息，完全放松，可做一些轻松的工作或思考下周工作重点。
周日：
全天：休息，确保充分休息与调整，以迎接新的一周。

通过 DeepSeek 对一周工作日程安排进行优化，我们能够更加科学合理地规划工作时间，提高工作效率，更好地平衡工作与生活，确保各项任务都能顺利完成。

根据 DeepSeek 分配的时间，我们将上述时间安排录入日历中，如图 4-6 所示。

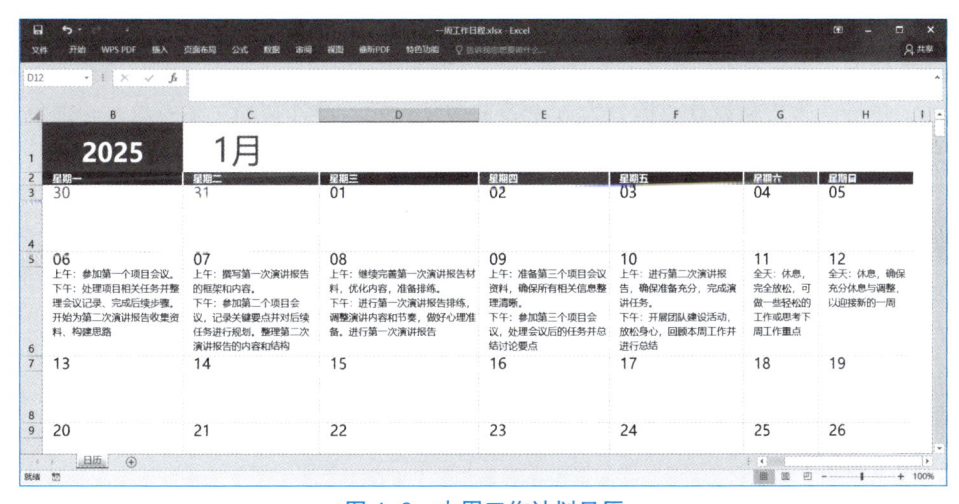

图 4-6　本周工作计划日历

4.2　利用番茄工作法增效，提升专注度

番茄工作法是一种流行的时间管理方法，由意大利企业管理顾问弗朗西斯科·西里洛（Francesco Cirillo）在 1992 年提出。它利用番茄形状的定时器，将每 30 分钟的工作时间分割成 25 分钟的"番茄"与 5 分钟的短暂休息。这种"番茄"与短暂休息的轮换可以帮助我们保持工作状态并提高专注度。

4.2.1　番茄工作法实施步骤

番茄工作法具体实施步骤如下。
（1）选择一个任务并启动 25 分钟番茄定时器，在此期间专注致力于此项任务。
（2）25 分钟结束后，标记一个番茄钟完成并休息 5 分钟。可以选择伸展身体、饮水等活动。
（3）重复步骤（1）和（2），完成 4 个番茄钟后进行 15～30 分钟休息以恢复精力。

（4）一天中安排 3 ~ 4 个这样的"番茄工作轮"。记录完成的番茄数量以及相应工作量，这可以让我们更清楚自己每天的工作进度与成效。

4.2.2　案例 6：使用番茄工作法管理团队项目进度

李华将整个产品推广计划拆解为多个具体子任务，每个子任务都按番茄工作法的方式进行分配，确保团队成员在限定时间内专注完成任务。每个番茄钟时长为 25 分钟，完成后休息 5 分钟，4 个番茄钟后可休息 15 ~ 30 分钟。

具体任务分配如下：

（1）完成市场调研报告：拆分为 4 个番茄钟（每个番茄钟内进行一个模块的调研，如市场趋势分析、竞争对手分析、目标人群分析、数据整理）。

（2）进行广告素材设计：拆分为 6 个番茄钟（分配给设计师和文案人员，分别负责构思创意、设计初稿、修改并完善初稿）。

（3）撰写社交媒体推广方案：拆分为 3 个番茄钟（市场推广人员和社交媒体专家协作，分别负责内容策划、执行计划、效果评估）。

（4）撰写产品文案：拆分为 2 个番茄钟（分配给文案人员，负责文案创作与编辑）。

借助 DeepSeek 实施番茄工作法的详细步骤如下。

提示词如下：

有如下任务分配，请帮我制定实施番茄工作法的详细步骤。

具体任务分配如下：

1. 完成市场调研报告：拆分为 4 个番茄钟（每个番茄钟内进行一个模块的调研，如市场趋势分析、竞争对手分析、目标人群分析、数据整理）。

2. 进行广告素材设计：拆分为 6 个番茄钟（分配给设计师和文案人员，分别负责构思创意、设计初稿、修改并完善初稿）。

3. 撰写社交媒体推广方案：拆分为 3 个番茄钟（市场推广人员和社交媒体专家协作，分别负责内容策划、执行计划、效果评估）。

4. 撰写产品文案：拆分为 2 个番茄钟（分配给文案人员，负责文案创作与编辑）。

DeepSeek 输出如下：

一、准备阶段

确保有一个安静的工作环境，尽量减少干扰因素，如关闭手机通知、选择安静的办公空间等。

准备好工作所需的工具和资料，例如电脑、相关软件、市场调研报告的参考数据、产品相关信息等。

准备一个番茄钟计时器，可以是手机上的番茄钟应用程序，也可以是专门的计时器设备。

二、执行阶段

（一）完成市场调研报告

第一个番茄钟（25分钟工作+5分钟休息）

开始工作：专注于市场趋势分析模块的调研，收集相关行业报告、新闻资讯、数据统计等资料，记录关键信息。

休息：5分钟时间放松身心，可以站起来活动一下，喝杯水。

第二个番茄钟（25分钟工作+5分钟休息）

开始工作：进行竞争对手分析模块的调研，对比主要竞争对手的产品特点、市场份额、营销策略等，做好详细记录。

休息：5分钟自由活动时间。

第三个番茄钟（25分钟工作+5分钟休息）

开始工作：开展目标人群分析模块的调研，通过问卷调查、访谈、数据分析等方式，了解目标人群的需求、偏好、消费习惯等。

休息：5分钟放松时间。

第四个番茄钟（25分钟工作+5分钟休息）

开始工作：进行数据整理，对前面3个模块收集到的数据和信息进行分类、整理、核对，确保数据准确无误。

休息：5分钟休息调整。

（二）进行广告素材设计

第一个番茄钟（25分钟工作+5分钟休息）

开始工作：设计师和文案人员开始构思创意，进行头脑风暴，讨论广告的主题、风格、创意方向等，记录有价值的想法。

休息：5分钟休息放松。

第二个番茄钟（25分钟工作+5分钟休息）

开始工作：设计师开始根据构思的创意设计初稿，文案人员同时进行相关文案的创作，如广告语、产品介绍等。

休息：5分钟短暂休息。

第三个番茄钟（25分钟工作+5分钟休息）

开始工作：设计师继续完善设计初稿，文案人员对文案进行进一步润色和修改，双方保持沟通和协作。

休息：5分钟活动时间。

第四个番茄钟（25分钟工作+5分钟休息）

开始工作：设计师完成设计初稿，文案人员完成文案创作，双方进行初步的整合和校对。

休息：5分钟休息调整。

第五个番茄钟（25分钟工作+5分钟休息）

开始工作：对广告素材进行修改与完善，设计师根据反馈意见优化设计，文案人员进一步优化文案，确保整体效果达到最佳。

休息：5分钟休息放松。

第六个番茄钟（25分钟工作+5分钟休息）

开始工作：对修改后的广告素材进行最后的审核和确认，确保没有任何错误和瑕疵，准备交付使用。

休息：5分钟休息调整。

（三）撰写社交媒体推广方案

第一个番茄钟（25分钟工作+5分钟休息）

开始工作：市场推广人员和社交媒体专家开始进行内容策划，确定推广的主题、内容形式、发布平台等，制订详细的内容计划。

休息：5分钟休息放松。

第二个番茄钟（25分钟工作+5分钟休息）

开始工作：制订执行计划，包括发布时间安排、互动策略、资源分配等，确保推广方案能够顺利实施。

休息：5分钟休息调整。

第三个番茄钟（25分钟工作+5分钟休息）

开始工作：进行效果评估的规划，确定评估指标、数据收集方法等，为后续评估推广效果做好准备。

休息：5分钟休息放松。

（四）撰写产品文案

第一个番茄钟（25分钟工作+5分钟休息）

开始工作：文案人员开始进行文案创作，根据产品特点、目标受众等撰写吸引人的产品文案，突出产品的优势和卖点。

休息：5分钟休息放松。

第二个番茄钟（25分钟工作+5分钟休息）

开始工作：对创作好的文案进行编辑和修改，检查语法错误、语句通顺度、内容完整性等，确保文案质量。

休息：5分钟休息调整。

三、总结阶段

完成所有任务后，对整个工作过程进行回顾和总结，检查任务是否按计划完成，分析在执行番茄工作法过程中遇到的问题和困难。

对工作成果进行评估，如市场调研报告的准确性、广告素材的质量、社交媒体推广方案的可行性、产品文案的吸引力等，为后续工作提供经验和改进方向。

根据总结和评估的结果，对下一次使用番茄工作法执行任务进行调整和优化，提高工作效率和质量。

4.3 本章总结

本章主要探讨了 DeepSeek 在时间管理方面的应用。我们学习了多种日历管理工具，如 Excel 日历、Microsoft Outlook、Google 日历等，掌握了使用它们合理规划日程的方法，还通过案例了解了 DeepSeek 如何辅助优化日程安排，同时了解了番茄工作法的实施步骤，并通过团队项目进度管理案例看到其增效作用。借助 DeepSeek 进行时间管理，我们可以更合理地利用时间，提升工作专注度与效率。

第 5 章

智能重塑计划管理：任务清单、工作计划制订与跟踪的全方位变革

在办公领域，计划管理是高效工作的关键支撑，涉及任务清单拟定、工作计划编排及计划跟踪调控等重要内容。在复杂多变的工作场景中，传统计划管理手段已难以满足高效、精准的工作要求，而 DeepSeek 凭借强大的智能能力，为计划管理带来了革新机遇。本章我们将深入探究如何借助 DeepSeek 生成任务清单、制订工作计划及进行计划的跟踪与优化，从而提升办公效率，实现更优质的工作成果。

5.1 生成任务清单，清晰罗列工作事项

在如今复杂的工作场景中，有效的计划管理是工作顺利开展的关键。任务清单的生成是计划管理的起始步骤，它以清晰呈现工作事项的方式，为后续工作的推进提供了明确的指引。

在开始具体的任务管理前，先制定一个完整清晰的任务清单尤为重要。一个好的任务清单应该包含：

（1）任务名称：列出所有需要完成的工作任务与内容，给每个任务定一个清晰的名称。

（2）优先级：根据任务的重要性与紧急性设置优先级。这可以用来安排工作任务的先后顺序。

（3）状态：显示每个任务的当前状态，如未开始、进行中、已完成等。实时更新状态可以方便对任务进度的管理。

（4）开始/截止日期：提供每个任务的计划开始与截止日期，以利于对工作时间的安排与管理。

（5）完成百分比：实时显示每个任务的完成进度，如 30%、50%、100%。这有助于我们及时检查工作进度与效率。

（6）已完成状态：表示任务是否完成，包含是、否两种状态，方便我们查看已完成任务与未完成任务。

（7）备注：提供每个任务的相关备注信息，如任务详情、须知事项、风险提示等。这可以减少遗漏重要信息情形的出现。

综上，一个完整的任务清单应包含任务名称、优先级、状态、时间范围、完成进度与备注等关键信息。

图 5-1 所示是简单的待办事项列表。

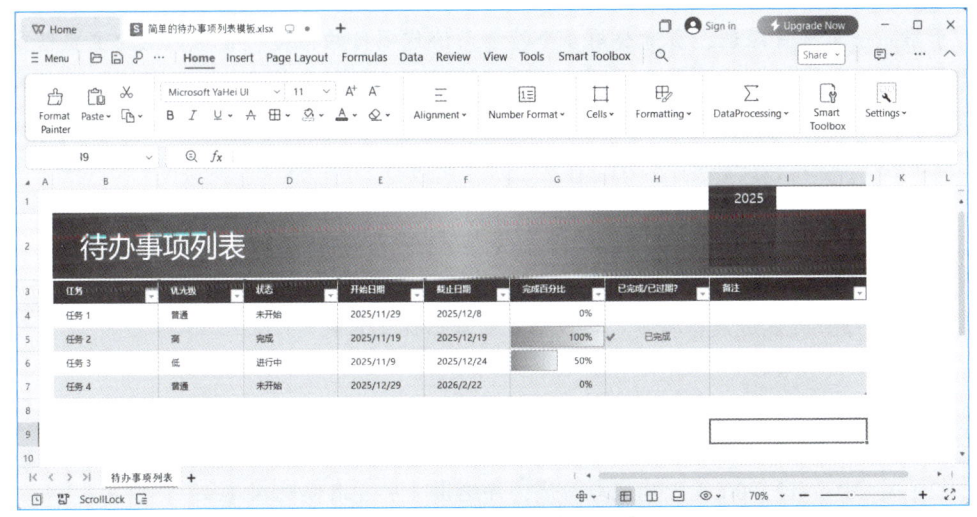

图 5-1　简单的待办事项列表

5.1.1　传统任务清单的生成方式及其局限性

在智能化工具出现之前，任务清单主要靠人工梳理记录。这种方式问题不少，一方面，面对大型项目或复杂流程，人工易遗漏重要任务，比如组织大型会议，可能会忘记会议资料装订这类细节；另一方面，人工生成的清单缺乏系统性，任务顺序随意，工作人员难以把握重点和先后顺序，影响工作效率。

5.1.2　DeepSeek 驱动的任务清单生成

随着 DeepSeek 等先进工具的发展，任务清单生成模式发生了改变。DeepSeek 能综合多项信息，自动生成优质任务清单。

（1）依照项目目标深度拆解任务。如新型智能硬件研发项目，DeepSeek 可按功能定位、市场需求等，将研发流程细分到具体子任务，如软件编程调试的模块代码编写。

（2）分析过往项目数据和经验，预判当前项目任务。如以往智能硬件电磁兼容性测试常出问题，新清单就可以添加预测试等相关任务。

（3）按资源和人员技能分配任务。如广告营销项目，DeepSeek 可以按文案人员能力精准分配文案撰写任务，保障任务高效完成。

5.1.3　案例 7：使用 DeepSeek 辅助制作下周计划任务清单

下面，我们通过一个案例来详细介绍一下如何使用 DeepSeek 辅助制作下周计划任务清单。

案例背景

李华是一名项目经理，负责公司多个跨部门协作项目的推进与管理。他的主要任务之一是每周制订详细的工作计划，确保团队能够按时完成各项工作目标。然而，由于项目复杂度高且涉及多个部门，李华发现制订周计划不仅费时，而且容易出现遗漏或任务安排不合理的情况。

李华的下周工作计划如下：

3 月 15 日（周一）

开发新功能 Demo

1. 跟进项目开发进度，检查已实现功能并提出优化意见。

3 月 16 日（周二）

2. 面试 Java 高级工程师候选人

（1）9：00 与 HR 经理确定面试流程与题目。

（2）9：30 ~ 12：00 进行笔试与面试，评选出 2 ~ 3 名候选人。

（3）13：00 ~ 17：00 安排 2 ~ 3 名候选人与部门经理再次面试，最终确定 1 名聘用人选。

3 月 17 日（周三）

3. 准备下周的项目进度报告

（1）联络所有项目经理，收集项目进展报告与下周工作计划。

（2）整理并分析各项目信息，准备初步进度报告内容大纲。

3 月 18 日（周四）

4. 准备下周的项目进度报告

根据各项目提供的信息详细撰写进度报告，并调整工作计划。

3 月 19 日（周五）

5. 准备下周的项目进度报告

（1）继续完善进度报告内容，同时再次确认关键项目的工作拆解与时间节点是否妥当。

（2）与财务部门核对本周各项目的费用及成本情况。

李华让 DeepSeek 根据这个计划列出任务清单，具体步骤如下。

提示词如下：

有如下计划，帮我列出任务清单，返回 Markdown 表格，包含字段：任务名称、优先级、状态、开始日期、截止日期、完成百分比和是否完成。

3月15日（周一）
开发新功能 Demo
1. 跟进项目开发进度，检查已实现功能并提出优化意见。

3月16日（周二）
2. 面试 Java 高级工程师候选人
（1）9：00 与 HR 经理确定面试流程与题目。
（2）9：30～12：00 进行笔试与面试，评选出 2～3 名候选人。
（3）13：00～17：00 安排 2～3 名候选人与部门经理再次面试，最终确定 1 名聘用人选。

3月17日（周三）
3. 准备下周的项目进度报告
（1）联络所有项目经理，收集项目进展报告与下周工作计划。
（2）整理并分析各项目信息，准备初步进度报告内容大纲。

3月18日（周四）
4. 准备下周的项目进度报告
根据各项目提供的信息详细撰写进度报告，并调整工作计划。

3月19日（周五）
5. 准备下周的项目进度报告
（1）继续完善进度报告内容，同时再次确认关键项目的工作拆解与时间节点是否妥当。
（2）与财务部门核对本周各项目的费用及成本情况。

DeepSeek 输出如下：

任务名称	优先级	状态	开始日期	截止日期	完成百分比	已完成
跟进项目开发	高	未开始	2023-03-15	2023-03-15	0%	否
进度，检查已
实现功能并提
出优化意见
与 HR 经理确	高	未开始	2023-03-16	2023-03-16	0%	否
定面试流程与
题目

进行笔试与面试，评选候选人	高	未开始	2023-03-16	2023-03-16	0%	否
安排候选人与部门经理面试，并确定聘用人选	高	未开始	2023-03-16	2023-03-16	0%	否
联络项目经理，收集项目进展报告与下周计划	高	未开始	2023-03-17	2023-03-17	0%	否
整理并分析各项目信息，准备进度报告大纲	高	未开始	2023-03-17	2023-03-17	0%	否
撰写进度报告内容并调整工作计划	高	未开始	2023-03-18	2023-03-18	0%	否
完善进度报告内容并确认时间节点	高	未开始	2023-03-19	2023-03-19	0%	否
与财务部门核对项目费用与成本情况	中	未开始	2023-03-19	2023-03-19	0%	否

将上述代码复制并保存为"下周计划任务清单.md"，然后使用 Markdown 工具预览，如图 5-2 所示。

图 5-2 "下周计划任务清单" Markdown 表格

但是李华对图 5-2 所示的"下周计划任务清单"Markdown 表格不满意,主要由于 Markdown 表格不方便修改。接下来,可以利用 DeepSeek 生成 CSV 表格。

> 提示词如下:
> 将下方 Markdown 表格转换为 CSV 表格:
> |任务名称　　　|优先级|状态　|开始日期　　|截止日期　　|完成百分比|已完成|
> |------------|-----|-----|----------|----------|--------|-----|
> |跟进项目开发进度,检查已实现功能并提出优化意见|高|未开始|2023-03-15|2023-03-15|0%|否|
> |与 HR 经理确定面试流程与题目|高|未开始|2023-03-16|2023-03-16|0%|否|
> |进行笔试与面试,评选候选人|高|未开始|2023-03-16|2023-03-16|0%|否|
> |安排候选人与部门经理面试,并确定聘用人选|高|未开始|2023-03-16|2023-03-16|0%|否|
> |联络项目经理,收集项目进展报告与下周计划|高|未开始|2023-03-17|2023-03-17|0%|否|
> |整理并分析各项目信息,准备进度报告大纲|高|未开始|2023-03-17|2023 03 17|0%|否|
> |撰写进度报告内容并调整工作计划|高|未开始|2023-03-18|2023-03-18|0%|否|
> |完善进度报告内容并确认时间节点|高|未开始|2023-03-19|2023-03-19|0%|否|

| 与财务部门核对项目费用与成本情况 | 中 | 未开始 | 2023-03-19 | 2023-03-19 | 0% | 否 |

DeepSeek 输出如下：

任务名称,优先级,状态,开始日期,截止日期,完成百分比,已完成

跟进项目开发进度,检查已实现功能并提出优化意见,高,未开始,2023-03-15,2023-03-15,0%,否

与HR经理确定面试流程与题目,高,未开始,2023-03-16,2023-03-16,0%,否

进行笔试与面试,评选候选人,高,未开始,2023-03-16,2023-03-16,0%,否

安排候选人与部门经理面试,并确定聘用人选,高,未开始,2023-03-16,2023-03-16,0%,否

联络项目经理,收集项目进展报告与下周计划,高,未开始,2023-03-17,2023-03-17,0%,否

整理并分析各项目信息,准备进度报告大纲,高,未开始,2023-03-17,2023-03-17,0%,否

撰写进度报告内容并调整工作计划,高,未开始,2023-03-18,2023-03-18,0%,否

完善进度报告内容并确认时间节点,高,未开始,2023-03-19,2023-03-19,0%,否

与财务部门核对项目费用与成本情况,中,未开始,2023-03-19,2023-03-19,0%,否

复制上述代码保存为"下周计划任务清单.csv"，然后使用 Excel 工具打开文件，如图 5-3 所示。

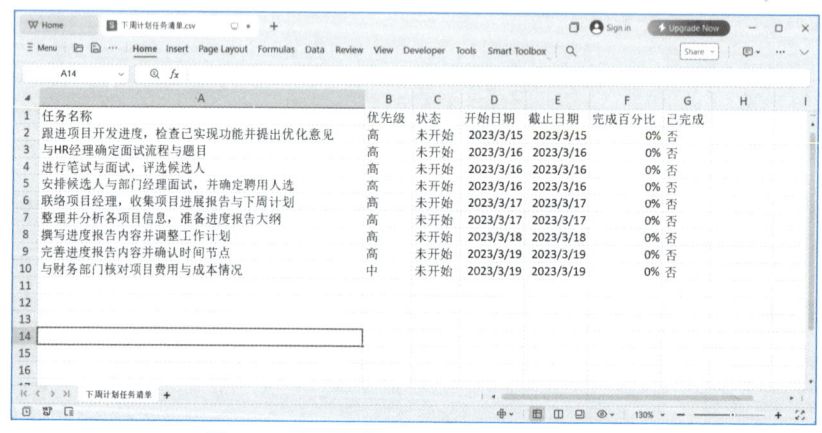

图 5-3 "下周计划任务清单"CSV 表格

李华对 CSV 表格还是不满意，他想将其转换为 Excel 表格。这个转换过程不需要 DeepSeek 参与，参考第 3.1.4 节完成转换即可，结果如图 5-4 所示。

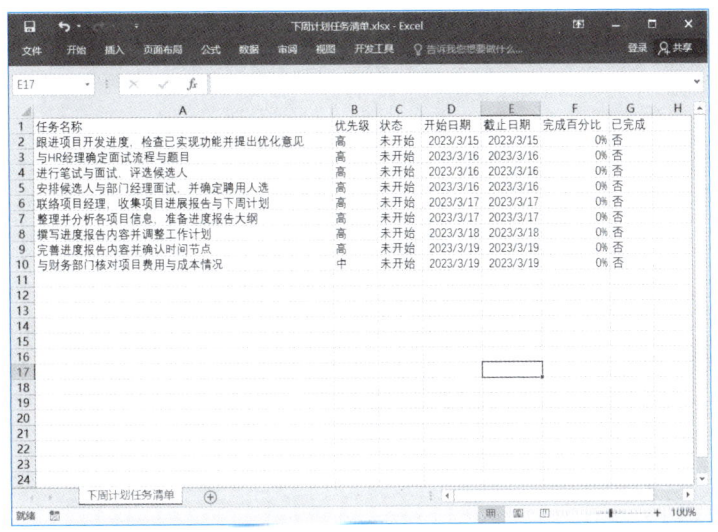

第 5 章　智能重塑计划管理：任务清单、工作计划制订与跟踪的全方位变革

图 5-4 "下周计划任务清单" Excel 表格

5.2　制订工作计划，保障项目顺利推进

制订一份系统和详细的工作计划，对确保工作高效和目标顺利实现至关重要。工作计划需要不断检验和修订，以适应工作中的各种变化。

5.2.1　DeepSeek 驱动的工作计划制订

DeepSeek 是一个方便高效的工具，能够在制订工作计划的各个步骤提供有价值的帮助和参考，但最终内容还需要人工审核和确认。

我们可以使用 DeepSeek 工具来辅助制订工作计划，具体步骤如下。

（1）细化任务：依据数据将项目目标拆分成具体任务。如市场营销项目，细分为市场调研、广告投放等任务，再细分为目标客户定位等子任务。

（2）资源分配：根据任务需求和企业资源，评估并分配人力、物力、财力，按照员工技能和负荷安排人员。

（3）风险应对：预测风险，如技术风险、市场风险等，制定策略并纳入计划。

（4）排定时间：按照任务逻辑关系，确定执行顺序和时间节点，制定时间表。

（5）制作 Markdown 表格：将时间表输入 DeepSeek，生成 Markdown 表格。

（6）优化计划：模拟评估初步计划，按需调整。

5.2.2　案例 8：软件开发项目工作计划的制订

下面通过一个案例熟悉一下如何使用 DeepSeek 辅助制订工作计划。

案例背景

公司计划开发一款面向中小企业的财务管理软件，目标是在6个月内完成开发、测试并上线，满足用户的财务数据管理、报表生成、预算管理等核心需求。

使用DeepSeek制订工作计划步骤如下。

步骤1：细化任务。

提示词如下：

公司计划开发一款面向中小企业的财务管理软件，目标是在6个月内完成开发、测试并上线，满足用户的财务数据管理、报表生成、预算管理等核心需求。

请依据过往类似软件开发项目的数据和知识图谱，将项目拆分为具体任务。

DeepSeek输出如下：

1. 需求分析：

与中小企业用户沟通，收集财务数据管理、报表生成、预算管理等需求。

分析竞品，整理需求文档。

2. 软件设计：

设计系统架构，规划前端、后端及数据库结构。

进行功能模块及界面设计。

3. 编码开发：

开展后端功能编码，实现业务逻辑。

完成前端开发，实现数据交互与操作响应。

进行数据库搭建与初始化。

4. 软件测试：

执行单元测试，检查模块功能。

开展集成测试，验证模块协同运行情况。

进行系统全面测试，包括功能、性能等。

5. 上线部署：

配置服务器环境。

迁移数据并部署软件。

上线前检查，确保系统正常。

6. 培训与支持：

准备培训资料，组织用户培训。

提供技术支持，处理用户反馈。

步骤2：资源分配。

假设公司规模中等，以下是模拟开发面向中小企业的财务管理软件的资源配置。

（1）人力：

需求分析：资深分析师1名（4周），助理1名（4周）。

软件设计：架构师1名（3周），数据库设计师1名（2周），软件设计师2名（3周）。

编码开发：后端工程师3名（8周），前端工程师2名（6周），数据库工程师1名（4周）。

软件测试：测试工程师2名（4周），测试主管1名（4周）。

上线部署：运维工程师1名（2周），技术支持1名（2周）。

培训支持：培训讲师1名（3周），技术支持2名（长期）。

（2）物力：

办公电脑15台左右。

开发测试工具软件（如Axure、Navicat等）。

开发测试云服务器3台，生产云服务器2台。

网络设备保障网络。

投影仪、电脑等培训设备。

（3）财力：

人员薪酬约50万元，软件工具费约5万元，服务器租赁费约8万元，设备费约4万元，总计约67万元。

步骤3：风险应对。

提示词如下：

项目的资源配置如下，通过分析过往软件开发项目的数据、当前技术趋势以及市场环境等因素，预测可能出现的风险。

1. 人力：

需求分析：资深分析师1名（4周），助理1名（4周）。

软件设计：架构师1名（3周），数据库设计师1名（2周），软件设计师2名（3周）。

编码开发：后端工程师3名（8周），前端工程师2名（6周），数据库工程师1名（4周）。

软件测试：测试工程师2名（4周），测试主管1名（4周）。

上线部署：运维工程师1名（2周），技术支持1名（2周）。

培训支持：培训讲师1名（3周），技术支持2名（长期）。

2. 物力：

办公电脑15台左右。

开发测试工具软件（如Axure、Navicat等）。

开发测试云服务器3台，生产云服务器2台。

网络设备保障网络。

投影仪、电脑等培训设备。

3. 财力：

人员薪酬约 50 万元，软件工具费约 5 万元，服务器租赁费约 8 万元，设备费约 4 万元，总计约 67 万元。

DeepSeek 输出如下：

1. 人力风险

人员技能不足，如助理需求分析经验欠缺、设计师对新趋势把握不准。

人员离职，核心人员离岗影响进度，新接手人员需时间适应。

负荷不均，如开发人员长时间工作效率下降，测试阶段任务集中。

2. 物力风险

软件工具存在兼容性问题，供应商可能中断服务。

云服务器网络不稳、有安全漏洞，开发测试服务器资源不足，生产服务器出现故障，影响运行。

办公、网络、培训设备可能出现硬件故障，维修更换耗时、耗成本。

3. 财力风险

预算超支，技术难题致周期延长或工具升级产生额外费用。

资金不到位，公司财务变化或项目优先级调整影响资金供应。

4. 市场与技术风险

市场需求变化大，新财务法规政策需要软件功能作出调整，资源难以快速响应。

技术更新快，开发期出现新技术，导致项目成果竞争力下降。

步骤 4：排定时间。

提示词如下：

根据任务之间的逻辑关系、每个任务的工作量和资源分配情况以及每个任务的开始时间（2025-01-01），计算结束时间。

DeepSeek 输出如下：

1. 需求分析：

人力：资深分析师 1 名（4 周），助理 1 名（4 周）。

开始时间：2025-01-01

工作时间：4 周

结束时间：2025-01-28（因为 1 月有 31 天，4 周共 28 天）

2. 软件设计：

人力：架构师 1 名（3 周），数据库设计师 1 名（2 周），软件设计师 2 名（3 周）。

开始时间：2025-01-29（需求分析结束后的第二天）

考虑到该阶段最长的工作时间是软件设计师的3周。

结束时间：2025-02-18（从1月29日开始，往后推3周，1月剩3天，加上2月18天）

3. 编码开发：

人力：后端工程师3名（8周），前端工程师2名（6周），数据库工程师1名（4周）。

开始时间：2025-02-19（软件设计结束后的第二天）

考虑到该阶段最长的工作时间是后端工程师的8周。

结束时间：2025-04-15（从2月19日开始，2月剩10天，加上3月31天，共41天；8周共56天，所以到4月15日）

4. 软件测试：

人力：测试工程师2名（4周），测试主管1名（4周）。

开始时间：2025-04-16（编码开发结束后的第二天）

工作时间：4周

结束时间：2025-05-13（从4月16日开始，往后推4周，4月剩15天，加上5月13天）

5. 上线部署：

人力：运维工程师1名（2周），技术支持1名（2周）。

开始时间：2025-05-14（软件测试结束后的第二天）

工作时间：2周

结束时间：2025-05-27（从5月14日开始，往后推2周）

6. 培训支持：

人力：培训讲师1名（3周），技术支持2名（长期）。

开始时间：2025 05-28（上线部署结束后的第二天）

工作时间：3周

结束时间：2025-06-17（从5月28日开始，5月剩4天，加上6月17天）

步骤5：制作Markdown表格。

提示词如下：

将上述计划制作成Markdown表格，返回Markdown代码。

DeepSeek输出如下：

任务名称	人力配置	开始时间	工作量（周）	结束时间
需求分析	资深分析师1名（4周），助理1名（4周）	2025-01-01	4	2025-01-28

| 软件设计 | 架构师 1 名（3 周），数据库设计师 1 名（2 周），软件设计师 2 名（3 周） | 2025-01-29 | 3（取最长工时） | 2025-02-18 |

| 编码开发 | 后端工程师 3 名（8 周），前端工程师 2 名（6 周），数据库工程师 1 名（4 周） | 2025-02-19 | 8（取最长工时） | 2025-04-15 |

| 软件测试 | 测试工程师 2 名（4 周），测试主管 1 名（4 周） | 2025-04-16 | 4 | 2025-05-13 |

| 上线部署 | 运维工程师 1 名（2 周），技术支持 1 名（2 周） | 2025-05-14 | 2 | 2025-05-27 |

| 培训支持 | 培训讲师 1 名（3 周），技术支持 2 名（长期） | 2025-05-28 | 3 | 2025-06-17 |

将上述代码复制并保存为"软件开发项目工作计划.md"，然后使用 Markdown 工具预览，如图 5-5 所示。

任务名称	人力配置	开始时间	工作量（周）	结束时间
需求分析	资深分析师 1 名（4 周），助理 1 名（4 周）	2025-01-01	4	2025-01-28
软件设计	架构师 1 名（3 周），数据库设计师 1 名（2 周），软件设计师 2 名（3 周）	2025-01-29	3（取最长工时）	2025-02-18
编码开发	后端工程师 3 名（8 周），前端工程师 2 名（6 周），数据库工程师 1 名（4 周）	2025-02-19	8（取最长工时）	2025-04-15
软件测试	测试工程师 2 名（4 周），测试主管 1 名（4 周）	2025-04-16	4	2025-05-13
上线部署	运维工程师 1 名（2 周），技术支持 1 名（2 周）	2025-05-14	2	2025-05-27
培训支持	培训讲师 1 名（3 周），技术支持 2 名（长期）	2025-05-28	3	2025-06-17

图 5-5 "软件开发项目工作计划"Markdown 表格

步骤 6：优化计划。

提示词如下：

有如下的初步计划，帮我进行评估，并给出建议。

1. 需求分析：

人力：资源分析师 1 名（4 周），助理 1 名（4 周）。

开始时间：2025-01-01

工作时间：4 周

结束时间：2025-01-28（因为 1 月有 31 天，4 周共 28 天）

2. 软件设计：

人力：架构师 1 名（3 周），数据库设计师 1 名（2 周），软件设计师 2 名（3 周）。

开始时间：2025-01-29（需求分析结束后的第二天）

考虑到该阶段最长的工作时间是软件设计师的3周。

结束时间：2025-02-18（从1月29日开始，往后推3周，1月剩3天，加上2月18天）

3. 编码开发：

人力：后端工程师3名（8周），前端工程师2名（6周），数据库工程师1名（4周）。

开始时间：2025-02-19（软件设计结束后的第二天）

考虑到该阶段最长的工作时间是后端工程师的8周。

结束时间：2025-04-15（从2月19日开始，2月剩10天，加上3月31天，共41天；8周共56天，所以到4月15日）

4. 软件测试：

人力：测试工程师2名（4周），测试主管1名（4周）。

开始时间：2025-04-16（编码开发结束后的第二天）

工作时间：4周

结束时间：2025-05-13（从4月16日开始，往后推4周，4月剩15天，加上5月13天）

5. 上线部署：

人力：运维工程师1名（2周），技术支持1名（2周）。

开始时间：2025-05-14（软件测试结束后的第二天）

工作时间：2周

结束时间：2025-05-27（从5月14日开始，往后推2周）

6. 培训支持：

人力：培训讲师1名（3周），技术支持2名（长期）。

开始时间：2025-05-28（上线部署结束后的第二天）

工作时间：3周

结束时间：2025-6-17（从5月28日开始，5月剩4天，加上6月17天）

DeepSeek输出如下：

1. 评估

时间安排合理性：

每个阶段的时间分配看起来合适，但没有太多的缓冲时间。如果某个阶段遇到意外问题（如需求变化、设计复杂度高、开发进度慢等），可能会对后续阶段造成影响。

人员配置与工作量：

软件设计阶段：架构师和软件设计师的时间安排较合理，但数据库设计师的工作量相对较少，可能会浪费一些人力资源。

编码开发阶段：后端工程师的工作量较大，若进度有延迟，可能会影响整个编码阶段的完成时间。考虑到开发复杂度，可能需要更多的前端或后端工程师来分担任务。

软件测试阶段：测试工程师和主管的安排合适，但需要确保有足够时间进行回归测试，纠正软件错误后进行验证。

交接与过渡时间：

各阶段之间的过渡时间很紧凑，尤其是在编码开发结束后直接进入软件测试阶段。如果开发过程中出现延误，测试阶段的时间可能不够。

2. 建议

增加缓冲时间：

各阶段之间增加1~2天的缓冲时间，特别是编码开发与软件测试之间。这样可以应对开发进度上的任何延误。

优化人力配置：

软件设计阶段：增加数据库设计师的工作量或让其参与其他任务，确保资源得到充分利用。

编码开发阶段：后端工程师工作量较大，可以考虑增加部分后端工程师，分担开发任务，或者减轻后端工程师的负担。

并行工作与提前准备：

在上线部署阶段，可以提前准备一些工作，比如技术支持团队可以在测试阶段就开始为部署做好准备。这样可以减少部署时的压力。

培训支持阶段可以提前准备部分培训资料和基础课程，提前做好计划。

定期检查与风险管理：

在每个阶段设定关键检查点，确保及时发现进度延误或质量问题。这样可以更早进行调整，降低后续的风险。

3. 总结

整体上，计划时间合理，但应增加一些缓冲期和资源灵活性，尤其是在开发和测试之间的过渡期。如果可能，提前准备部分工作并增加人力支持，可以提高项目的灵活性和抗压能力。

5.2.3 使用甘特图

甘特图是一种项目管理工具，用于展示项目任务的时间安排和进度情况。它通常由一个个水平的条形块组成，在水平轴上显示时间，在垂直轴上显示任务列表。每个任务用一个条形块表示，其长度表示该任务的持续时间，条形块的位置表示该任务在何时开始和结束。甘特图可以帮助项目团队监控项目进度、识别风险和决策优先级，并与相关方分享项目计划和进度。

甘特图可以手绘，也可以使用专业工具绘制。以下是几款常用的甘特图绘制工具：

（1）Project：微软公司开发的强大而灵活的项目管理软件，支持制作复杂的甘特图和项目计划图。该软件可以与其他Microsoft Office应用程序（如Excel和Word）集成。图5-6所示是用Project制作的简单项目计划甘特图。

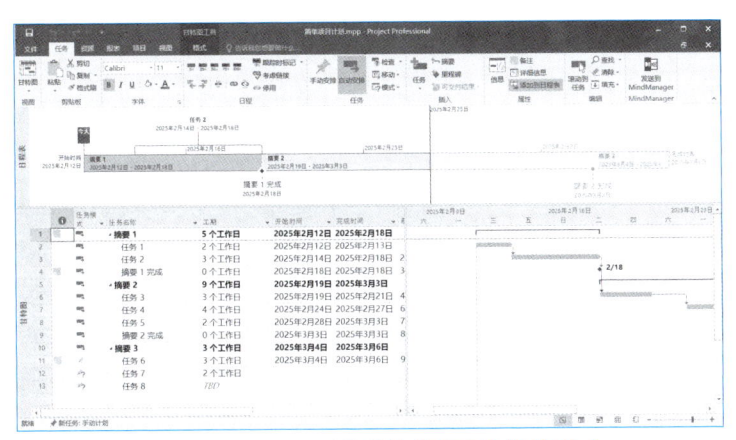

图 5-6　Project 制作的简单项目计划甘特图

（2）Asana：Asana 是一个团队协作和项目管理平台，具有易于使用的甘特图功能。它还支持任务分配、时间跟踪、依赖关系、进度报告和虚拟桌面等功能。

（3）Trello：Trello 是一款轻量级的团队协作工具，具有简单易用的甘特图功能。用户可以创建任务清单、标签、注释、附件和截止日期，并将它们组织到带有时间表的列表中。

（4）Smartsheet：Smartsheet 是一个基于云的企业协作平台，具有类似 Excel 的界面和功能，以及先进的项目管理功能，包括甘特图、时间表、任务分配、资源管理和自定义报告。

（5）TeamGantt：TeamGantt 是一款专用于甘特图的在线工具，旨在帮助团队制订和共享项目计划。它支持任务分配、时间跟踪、进度报告、评论和文件共享等功能。

（6）Excel：Excel 也可以制作甘特图。图 5-7 所示是用 Excel 制作的甘特图。但 Excel 不如专业项目管理工具那样灵活和全面。例如，Excel 不能自动计算任务之间的依赖关系、提供进度跟踪功能，因此在处理复杂的项目时，专业的项目管理工具可能更为实用。

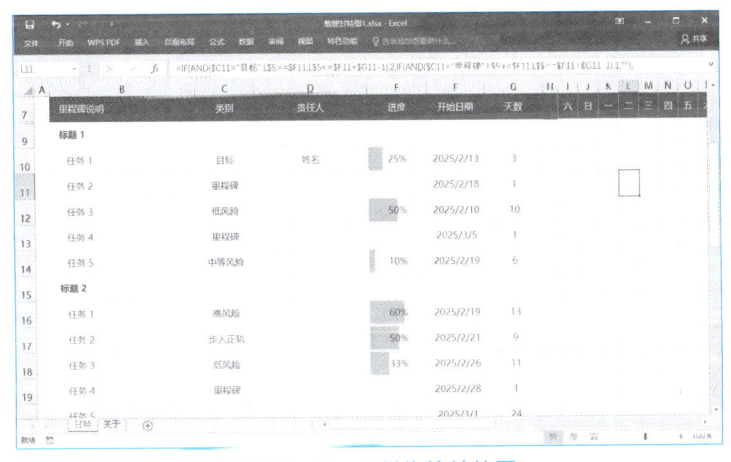

图 5-7　Excel 制作的甘特图

5.2.4　案例 9：使用 DeepSeek 制作 Excel 甘特图

第 5.2.2 节介绍的软件开发项目工作计划采用的是用 Markdown 表格表示的甘特图，如果想获得用 Excel 表示的甘特图，步骤如下。

（1）将用 Markdown 表格表示的甘特图转换为用 CSV 表格表示的甘特图。
（2）将 CSV 文件转换为 Excel 文件。

下面就来实现一下。

提示词如下：

有如下用 Markdown 表示的甘特图，将其转换为用 CSV 格式表示的甘特图。
任务名称	人力配置	开始时间	工作量（周）	结束时间
需求分析	资深分析师 1 名（4 周），	2025-01-01	4	2025-01-28
	助理 1 名（4 周）			
软件设计	架构师 1 名（3 周），	2025-01-29	3（取最长	2025-02-18
	数据库设计师 1 名（2 周），		工时）	
	软件设计师 2 名（3 周）			
编码开发	后端工程师 3 名（8 周），	2025-02-19	8（取最长	2025-04-15
	前端工程师 2 名（6 周），		工时）	
	数据库工程师 1 名（4 周）			
软件测试	测试工程师 2 名（4 周），	2025-04-16	4	2025-05-13
	测试主管 1 名（4 周）			
上线部署	运维工程师 1 名（2 周），	2025-05-14	2	2025-05-27
	技术支持 1 名（2 周）			
培训支持	培训讲师 1 名（3 周），	2025-05-28	3	2025-06-17
	技术支持 2 名（长期）			

DeepSeek 输出如下：

任务名称,人力配置,开始时间,工作量（周）,结束时间
需求分析,资深分析师1名（4周），助理1名（4周）,2025-01-01,4,2025-01-28
软件设计,架构师1名（3周），数据库设计师1名（2周），软件设计师2名（3周）,2025-01-29,3(取最长工时),2025-02-18
编码开发,后端工程师3名（8周），前端工程师2名（6周），数据库工程师1名（4周）,2025-02-19,8(取最长工时),2025-04-15
软件测试,测试工程师2名（4周），测试主管1名（4周）,2025-04-16,4,2025-05-13

上线部署,运维工程师1名（2周），技术支持1名（2周）,2025-05-14,2,2025-05-27
培训支持,培训讲师1名（3周），技术支持2名（长期）,2025-05-28,3,2025-06-17

将上述代码复制并保存为"软件开发项目工作计划.csv"，然后根据第 3.1.4 节内容将 CSV 文件转换为 Excel 文件，如图 5-8 所示。

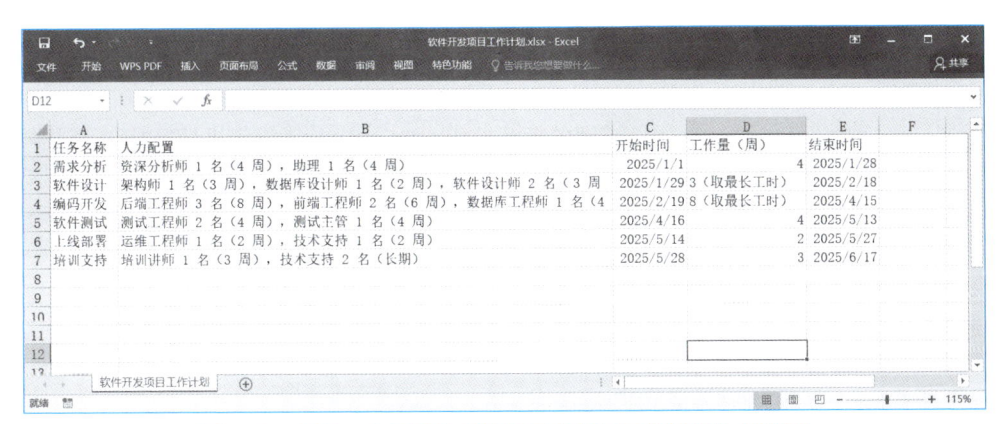

图 5-8　用 Excel 表示的"软件开发项目工作计划"甘特图

5.3 进行计划跟踪与优化，及时调整工作方向

在项目管理中，制订计划只是起点，后续的执行和跟踪更为重要。计划跟踪与优化是确保项目顺利推进的关键环节。通过智能化的工具和方法，我们能够及时识别项目中的偏差并进行相应的调整，确保项目按照预定目标顺利完成。DeepSeek 能在计划跟踪与优化中发挥重要作用，通过实时数据分析和智能预测，帮助项目团队精准调整工作方向。

5.3.1 DeepSeek 驱动的计划跟踪

通过整合多维度数据并结合智能预测，DeepSeek 能够帮助项目经理实时监控项目进展，并提出优化建议。以下是 DeepSeek 在计划跟踪中的应用：

（1）实时数据监控：实时追踪项目进度，包括各项任务的完成情况、实际耗时与计划时间的偏差等，确保项目按时推进。

（2）智能预警机制：根据任务进度和历史数据预测项目中的潜在风险，如任务延误或资源不足，并提前提醒项目负责人采取行动。

（3）多维度分析：通过分析项目各阶段的完成情况、资源使用情况、人员绩效等数据，评估当前计划是否合理，识别瓶颈和改进空间。

（4）优化建议：基于数据分析，为项目团队提供优化建议，如调整任务分配、优化时间安排、增配资源等，帮助团队最大化提高工作效率。

5.3.2 计划的优化与调整

随着项目的推进，实际情况可能与原计划存在差距。此时，优化和调整计划是不可避免的。DeepSeek 通过以下方式帮助团队进行计划优化和调整：

（1）任务优先级调整：当某些任务出现延误时，DeepSeek 会分析项目的整体优先级，并根据资源和时间的变化调整任务的优先级，确保项目的核心目标不受影响。

（2）资源重新分配：如果某些任务进度滞后，DeepSeek 可以通过分析团队成员的工作负荷和技能，推荐资源重新分配的方案，确保重要任务能够及时完成。

（3）时间表调整：通过对项目进度的持续监控，DeepSeek 能够帮助团队成员动态调整时间表，推迟或提前某些任务，以保证项目的整体进度不受影响。

（4）实时反馈与沟通：DeepSeek 可以自动生成项目报告并反馈给团队成员，促进信息的同步和实时沟通，从而让团队成员快速响应和调整计划。

5.3.3 案例10：使用DeepSeek辅助跟踪软件开发项目工作计划

下面通过一个案例介绍一下如何使用 DeepSeek 辅助跟踪计划。

案例背景

在软件开发项目执行过程中，项目负责人发现软件设计阶段出现 1 周延误，后端开发任务较重，可能影响整体进度。团队决定利用 DeepSeek 进行智能分析，并召开项目会议讨论调整方案。

提示词如下：

原定的项目计划如下，当前软件设计阶段进度滞后，影响后续编码开发，帮我评估影响并调整优先级。

任务名称,人力配置,开始时间,工作量（周）,结束时间

需求分析,资深分析师1名（4周），助理1名（4周）,2025-01-01,4,2025-01-28

软件设计,架构师1名（3周），数据库设计师1名（2周），软件设计师2名（3周）,2025-01-29,3,2025-02-18

编码开发,后端工程师3名（8周），前端工程师2名（6周），数据库工程师1名（4周）,2025-02-19,8,2025-04-15

软件测试,测试工程师2名（4周），测试主管1名（4周）,2025-04-16,4,2025-05-13

上线部署,运维工程师1名（2周），技术支持1名（2周）,2025-05-14,2,2025-05-27

培训支持,培训讲师1名（3周），技术支持2名（长期）,2025-05-28,3,2025-06-17

DeepSeek 输出如下：

影响评估：若设计阶段延误 1～2 周，编码开发相应推迟，最终可能影响测试、

上线部署，导致整个项目进度滞后 1~2 周。

为了控制影响，确保项目整体进度，我们可以采取以下优先级调整方案：

1. 并行推进部分编码任务（减少等待时间）

让数据库工程师于 2 月 12 日提前进行数据库结构优化，减少编码开发压力。

让前端工程师于 2 月 12 日开始搭建前端框架，不依赖软件设计完全结束。

2. 提高核心模块设计优先级（缩短软件设计阶段）

让架构师和软件设计师聚焦核心业务逻辑设计，先完成后端关键模块，优先提供给后端开发。

让数据库设计师支持数据库工程师，避免数据库成为瓶颈。

3. 调整人力资源，缩短设计时间

增加 1 名软件设计师（短期），提高软件设计效率，争取 2 月 14 日结束（原定 2 月 18 日）。

让架构师投入额外时间，加速技术方案的确定。

4. 时间表微调，减少影响

若设计仍然滞后，则后端开发优先启动，前端任务稍微延后（避免所有任务同步推迟）。

测试阶段提前进行单元测试，减少后期整体测试压力。

这种交互式的对话形式，清晰而详尽地呈现了利用 DeepSeek 辅助进行计划跟踪管理的全过程。这让工作变得高度透明与可控，我们可以轻松掌握存在的问题并及时修正，最终高效地完成工作任务。

5.3.4 案例 11：使用鱼骨图分析项目延迟的原因

在任务管理的过程中，难免会出现某些任务项目延迟的情况。作为项目管理人员，我们需要及时分析任务项目延迟的具体原因，并提出相应的优化方案，确保项目的顺利推进。

我们可以使用鱼骨图，辅助 DeepSeek 分析原因，进而解决问题。下面通过一个案例介绍一下如何通过鱼骨图分析项目延迟的原因。

案例背景

某软件开发项目已进入软件设计阶段，但该阶段进度滞后，影响了后续的编码开发。项目负责人李华面临着及时解决项目延迟问题的挑战。在深入分析后，李华决定用 DeepSeek 辅助分析，并使用鱼骨图来找出问题的根本原因，从而制订有效的解决方案。

提示词如下：

进行项目延迟原因分析，返回 Markdown 代码。

架构师任务过载，导致设计进度滞后。
需求频繁调整，造成设计的返工。
团队沟通不畅，尤其是前后端协作效率低，造成重复工作。

DeepSeek 输出如下：

项目延迟原因分析

1. 架构师任务过载
   - 导致设计进度滞后。
   - 解决：合理分配任务，增加架构师或团队成员。
2. 需求频繁调整
   - 造成设计返工。
   - 解决：确保需求明确并冻结，减少后期变动。
3. 团队沟通不畅
   - 前后端协作效率低，造成重复工作。
   - 解决：加强沟通与协作，定期同步进度。

参考第 3.3 节将上述 Markdown 代码生成鱼骨图，如图 5-9 所示。

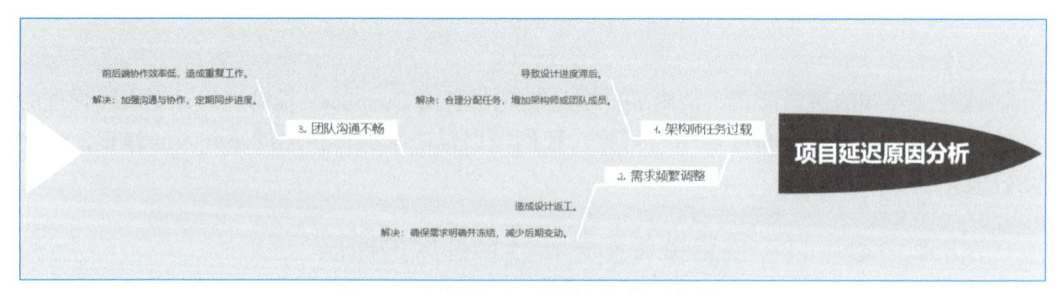

图 5-9 "项目延迟原因分析"鱼骨图

5.4 本章总结

本章聚焦于借助 DeepSeek 实现计划管理的全方位变革。我们首先分析了传统任务清单生成方式的局限性，掌握了 DeepSeek 驱动的任务清单生成方法，并通过案例学会了制作下周计划任务清单。接着，我们了解了如何利用 DeepSeek 制订工作计划，包括软件开发项目工作计划，还学习了甘特图的使用方法。最后，我们探讨了 DeepSeek 驱动的计划跟踪、优化与调整，并结合实际案例展示其在项目中的应用。这些内容有助于我们提升计划管理的智能化水平，确保高效推进我们的工作。

第 6 章

Word 文档的高效创作秘籍

在日常办公中，Word 文档是使用频率极高的工具，无论是撰写报告、方案，还是记录会议纪要，我们都离不开它。然而，很多人在使用 Word 时，仅仅停留在基础的文字输入和简单排版上，未能充分挖掘其强大功能，导致文档创作效率低下、质量欠佳。

掌握一些高效创作秘籍，能让我们在 Word 文档处理上事半功倍。本章，我们将深入探索借助 DeepSeek 实现 Word 文档高效创作的方法，从内容生成到格式排版，全方位提升文档创作水平。

6.1 使用 DeepSeek 生成 Word 文档

Word 文档在现代办公中应用广泛。利用 DeepSeek 辅助生成 Word 文档，在办公场景中相当重要。

6.1.1 DeepSeek 在 Word 文档创建中的应用

目前的 DeepSeek 版本无法直接生成 Word 等二进制格式的文档，那么如何使用 DeepSeek 生成 Word 文档呢？用户可以通过如下步骤实现。

（1）使用 DeepSeek 生成 Markdown 文档。
（2）使用 Markdown 工具将 Markdown 文档转换为 Word 文档。

6.1.2 案例 12：撰写商业计划书

下面通过一个具体案例介绍一下如何使用 DeepSeek 生成 Word 文档。

案例背景

一家创业公司准备撰写商业计划书以寻求投资，团队成员需要在短时间内完成一份高质量的 Word 文档。

步骤1：使用DeepSeek生成Markdown文档。

提示词如下：
请帮我生成商业计划书框架并返回Markdown文档。
DeepSeek输出如下：
商业计划书
1. 执行摘要
- **项目概述**：简要描述项目背景、目标及实施方案。
- **市场机会**：阐明市场需求与机会，目标市场及潜在用户群体。
- **产品/服务介绍**：简要说明你的产品或服务，突出其独特性和创新性。
- **财务预测**：对预期收入、成本、利润等方面进行初步的财务预测。
- **融资需求**：若计划融资，描述所需资金、用途及投资回报。
2. 公司概况
- **公司背景**：公司成立背景、行业定位及主要业务。
- **使命与愿景**：公司的长期发展目标和使命。
- **管理团队**：核心管理团队成员的背景、经验和职责。
- **法律结构**：公司注册的法律形式（如有限责任公司、股份有限公司等）。
3. 产品与服务
- **产品/服务描述**：详细介绍你的产品或服务，解决了哪些痛点，具有什么竞争优势。
- **技术或创新**：如果有技术背景，阐述技术实现的核心与独特之处。
- **定价策略**：产品或服务的定价方案，定价依据及市场反应。
- **产品生命周期**：产品或服务的开发阶段、市场推广计划及未来迭代。
4. 市场分析
- **市场概况**：行业整体发展趋势，市场规模，细分市场等。
- **目标市场**：明确你的目标客户群体，包括年龄、性别、地域、职业等。
- **竞争分析**：行业内主要竞争者、他们的优势和劣势，以及你的竞争策略。
- **市场需求与趋势**：通过市场调研分析市场需求、趋势和潜在机会。
- **SWOT分析**：分析公司的优势、劣势、机会与威胁。
5. 营销与销售策略
- **营销策略**：如何通过品牌建设、广告、公关等手段提升市场认知度。
- **销售渠道**：通过哪些渠道销售产品（如线上、线下、直销、代理等）。

- **客户获取与保留**：客户的获取策略与维护策略，包括社交媒体营销、忠诚度计划等。
- **定价策略与促销**：产品定价逻辑以及如何通过促销吸引客户。

6. 运营计划
- **运营流程**：从生产到销售的具体流程及运作方式。
- **供应链管理**：产品的原材料采购、生产及物流等流程。
- **合作伙伴与供应商**：核心供应商和合作伙伴的介绍及合作模式。
- **质量控制**：如何确保产品质量及服务标准。

7. 财务计划
- **收入预测**：未来3～5年的收入预期。
- **成本分析**：主要成本构成及成本控制策略。
- **现金流分析**：现金流的管理计划，确保企业在运营中的流动性。
- **融资需求**：如果需要外部融资，明确资金需求和回报预期。

8. 风险管理
- **市场风险**：潜在的市场变化及应对策略。
- **技术风险**：技术实现、维护及更新中可能面临的风险。
- **财务风险**：如融资困难、现金流问题等。
- **法律与合规风险**：行业内相关法律法规的风险以及合规管理策略。
- **应急预案**：应对突发情况的预案。

9. 退出策略
- **投资回报**：投资者如何获得回报，包括分红、资本增值等。
- **退出方式**：如通过IPO、并购、收购等方式退出。

10. 附录
- **团队成员简介**：提供核心团队成员的详细背景。
- **市场调研数据**：包括调研报告、统计数据等支持材料。
- **财务报表**：提供详细的财务预测和报表。
- **其他**：任何相关的附加信息。

把上述Markdown代码复制并保存为"商业计划书.md"，然后使用Markdown工具预览，如图6-1所示。

步骤2：将Markdown文档转换为Word文档。

参考第2.2.4节将Markdown文档转换为Word文档，转换成功的Word文档如图6-2所示。

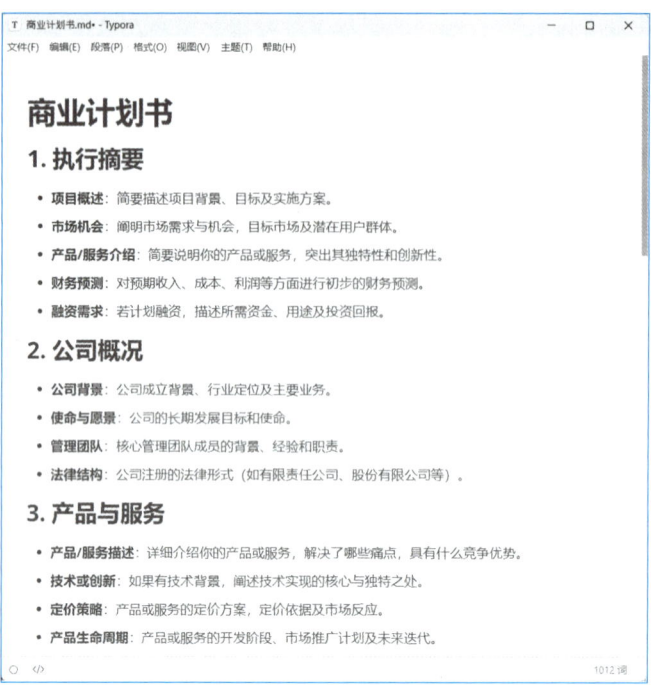

图 6-1　Markdown 工具预览文档（部分内容）

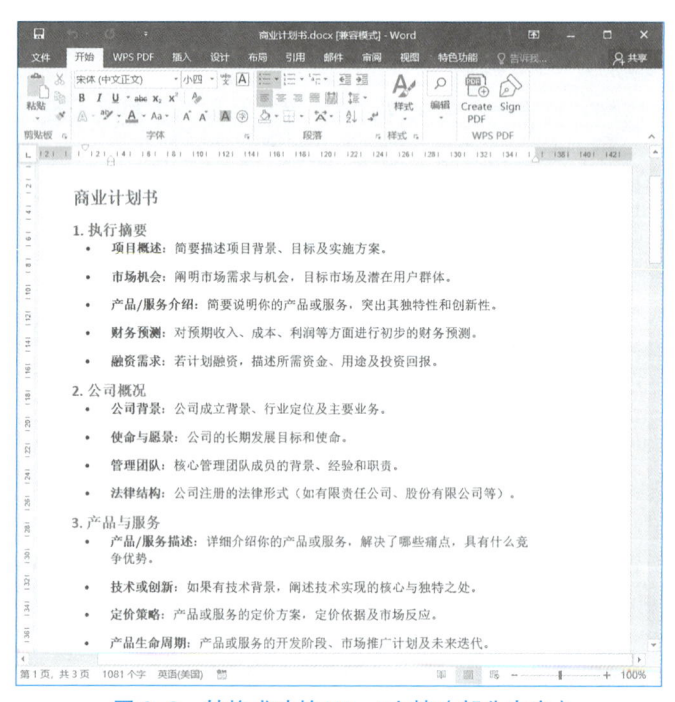

图 6-2　转换成功的 Word 文档（部分内容）

6.2 使用 DeepSeek 生成 VBA 代码

在使用 DeepSeek 生成 Word 文档时，我们可以通过 VBA 自动化处理一些常见的工作任务。

6.2.1 VBA 介绍

VBA 是 Microsoft Office 等应用软件的一种内置编程语言，允许使用者定制和扩展 Office 应用程序。VBA 具有以下主要功能：

（1）用于 Office 应用程序（如 Excel、Word、Access 等）的编程语言，可以自动完成许多任务，创建自定义功能等。

（2）基于 Visual Basic，简单易学，采用面向对象的语法。

（3）可以对 Office 应用程序进行高度定制，如创建宏代码、颜色更改、创建自定义表单等。

（4）直接嵌入 Office 文档，便于分享和传播。

（5）无须独立开发环境，直接在 Office 应用程序中开发，方便调试和维护。

如何使用 VBA 编辑器呢？不同的 Office 版本打开 VBA 编辑器的方式有所不同，笔者使用的是 Office 2016 版本，打开步骤如下。

打开 Word 2016，按下 Alt + F11 键，就可以打开 VBA 编辑器了，如图 6-3 所示。开发者也可以在开发工具菜单栏中找到"Visual Basic"按钮，然后单击它打开 VBA 编辑器。如果在 Excel 中无法看到开发工具菜单栏，可以通过以下步骤启用它。

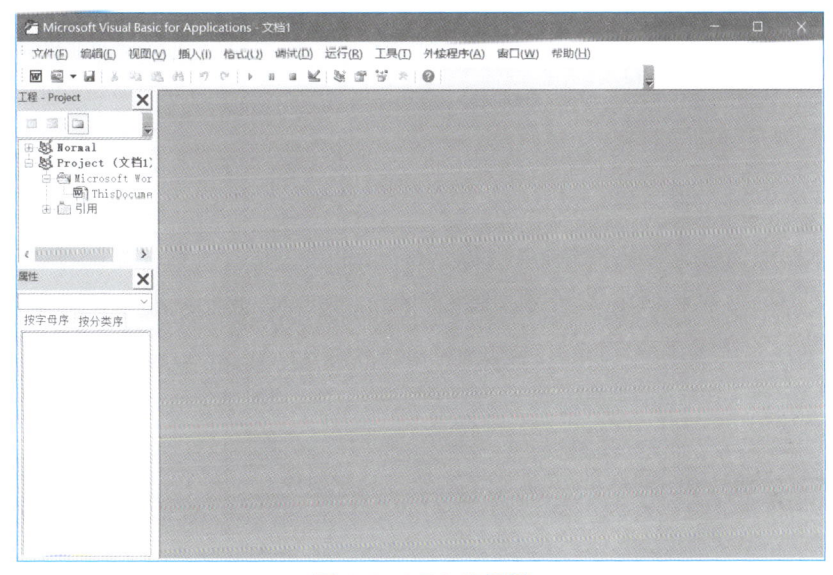

图 6-3　VBA 编辑器

（1）单击"文件"选项卡。

（2）单击"选项"。

（3）在 Excel 选项对话框中，单击"自定义功能区"。

（4）在右侧的"主选项卡"列表中，选中"开发工具"复选框。

（5）单击"确定"按钮，关闭 Excel 选项对话框。

启用之后，开发工具菜单栏会出现在 Excel 的顶部菜单栏，我们可以通过它打开 VBA 编辑器。

此外，执行代码还需要插入 VBA 代码模块，插入方法是在图 6-3 所示的 VBA 编辑器界面选择"插入"→"模块"，然后插入代码模块，如图 6-4 所示。

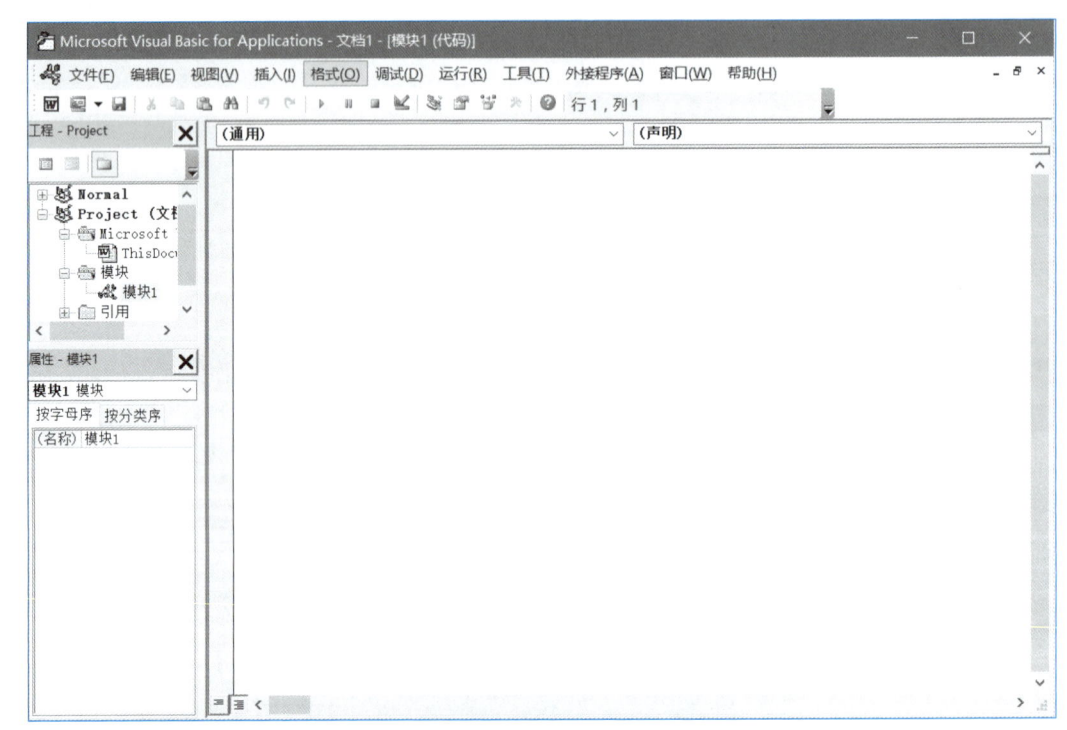

图 6-4　插入 VBA 代码模块界面

例如，插入以下 VBA 代码，可以弹出"世界，您好！"的提示框。

```
Sub SayHello()
    MsgBox "世界，您好！"
End Sub
```

将代码粘贴到右侧代码窗口，如图 6-5 所示，然后按 F5 键执行，执行时会弹出图 6-6 所示的提示框。

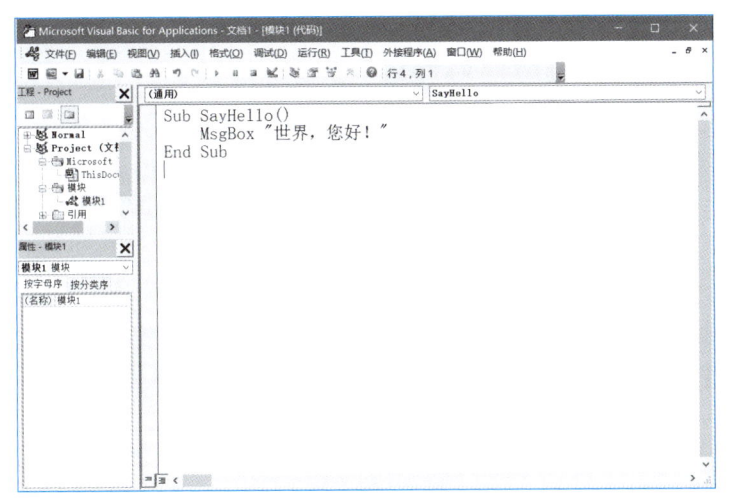

图 6-5　编写代码

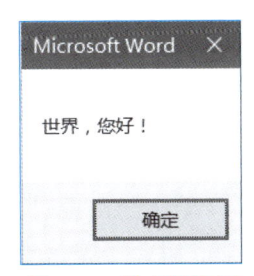

图 6-6　弹出提示框

6.2.2　案例 13：使用 DeepSeek 生成 VBA 代码

在本案例中，我们将展示如何利用 DeepSeek 生成 VBA 代码，从而自动化完成 Word 文档的生成和格式化任务。通过 DeepSeek 的辅助，我们可以在极大程度上提高文档创作的效率，完成内容的快速产出、格式的统一设置等操作。

案例背景

假设我们需要生成一个商业计划书文档，包含以下几个部分：
- 封面
- 目录
- 执行摘要
- 市场分析
- 财务预测
- 结论与建议
- 页眉页脚

提示词如下：

我们需要一个完整的商业计划书文档，包括内容如下，请帮我生成VBA代码：

封面

目录

执行摘要

市场分析

财务预测（带表格）

结论与建议

页眉页脚

DeepSeek 输出如下：

```
Sub GenerateBusinessPlanTemplate()
    On Error GoTo ErrorHandler
    Dim doc As Document
    Set doc = Documents.Add
    Application.ScreenUpdating = False

    ' ========== 封面生成 ==========
    With doc
        .content.InsertAfter "商业计划书" & vbCrLf
        .Range(.content.End - 1).style = "标题"
        .content.InsertAfter vbCrLf & "公司名称：" & vbCrLf
        .content.InsertAfter "日期：" & Format(Date, "yyyy年mm月dd日")
        .content.InsertAfter vbCrLf & vbCrLf & "机密文件"
        .Paragraphs(1).Range.Font.Color = RGB(31, 73, 125)   '深蓝色
        .Sections(1).PageSetup.DifferentFirstPageHeaderFooter = True
    End With

    ' ========== 目录生成 ==========
    InsertSectionBreak doc
    doc.content.InsertAfter "目录" & vbCrLf
    doc.Range(doc.content.End - 1).style = "标题 1"
    doc.content.InsertAfter vbCrLf
    doc.TablesOfContents.Add Range:=doc.Range(doc.content.End - 1), _
        UseFields:=False, UseHeadingStyles:=True

    ' ========== 主体内容生成 ==========
    CreateSection doc, "执行摘要", "标题 1", "? 公司概述" & vbCrLf & _
    "? 核心优势" & vbCrLf & "? 财务亮点"
    CreateSection doc, "市场分析", "标题 1", _
```

```vb
            "## 市场规模" & vbCrLf & "数据来源：Statista 2023" & vbCrLf & _
            "## 竞争分析" & vbCrLf & "主要竞争对手：..."
    CreateFinancialSection doc
    CreateSection doc, "结论与建议", "标题 1", "实施步骤：" & vbCrLf & "1. 第一阶段..." & vbCrLf & "2. 第二阶段..."

    ' ========== 页眉页脚设置 ==========
    SetHeadersFooters doc

    ' ========== 最终格式优化 ==========
    With doc
        .content.Find.Execute FindText:="##", ReplaceWith:="", Replace:=wdReplaceAll
        .Styles("标题 1").Font.Size = 16
        .Styles("标题 2").Font.Size = 14
        .UpdateStylesOnOpen = True
    End With

    Application.ScreenUpdating = True
    MsgBox "商业计划书模板生成完成！"
    Exit Sub

ErrorHandler:
    Application.ScreenUpdating = True
    MsgBox "错误 " & Err.Number & ": " & Err.Description
End Sub

' ========== 自定义函数 ==========
Sub InsertSectionBreak(doc As Document)
    doc.Sections.Add.Range.InsertBreak Type:=wdSectionBreakNextPage
End Sub

Sub CreateSection(doc As Document, title As String, style As String, content As String)
    InsertSectionBreak doc
    With doc.content
        .InsertAfter title & vbCrLf
        .Paragraphs(.Paragraphs.Count).Range.style = style
        .InsertAfter content & vbCrLf
    End With
End Sub

Sub CreateFinancialSection(doc As Document)
    InsertSectionBreak doc
    With doc
        .content.InsertAfter "财务预测" & vbCrLf
```

```vba
            .Paragraphs(.Paragraphs.Count).Range.style = "标题 1"

            ' 生成智能表格
            Dim tbl As Table
            Set tbl = .Tables.Add(Range:=doc.Range(doc.content.End - 1), _
NumRows:=5, NumColumns:=4)
            With tbl
                .Cell(1, 1).Range.Text = "年份"
                .Cell(1, 2).Range.Text = "营收（万元）"
                .Cell(1, 3).Range.Text = "利润（万元）"
                .Cell(1, 4).Range.Text = "增长率"

                ' 自动填充示例数据
                For i = 2 To 5
                    .Cell(i, 1).Range.Text = 2023 + i - 2
                    .Cell(i, 2).Range.Text = Format(1000 * (1.2 ^ (i - 2)), _
"#,##0")
                    .Cell(i, 3).Range.Text = Format(200 * (1.15 ^ (i - 2)), _
"#,##0")
                    .Cell(i, 4).Range.Text = Format(0.2 - (0.03 * (i - 2)), _
"0%")
                Next

                ' 表格格式设置
                .style = "网格型"
                .Rows(1).Range.Font.Bold = True
                .Columns.AutoFit
            End With
        End With
End Sub

Sub SetHeadersFooters(doc As Document)
    ' 封面页无页眉页脚
    With doc.Sections(1)
        .Headers(wdHeaderFooterPrimary).Range.Text = ""
        .Footers(wdHeaderFooterPrimary).Range.Text = ""
    End With

    ' 正文页眉页脚
    For Each sec In doc.Sections
        If sec.Index > 1 Then
            With sec.Headers(wdHeaderFooterPrimary).Range
                .Text = "××公司商业计划书"
                .ParagraphFormat.Alignment = wdAlignParagraphCenter
                .Font.Size = 10
            End With
```

```
            With sec.Footers(wdHeaderFooterPrimary).Range
                .Text = "第" & Chr(32) & "PAGE" & Chr(32) & "页"
                .ParagraphFormat.Alignment = wdAlignParagraphCenter
            End With
        End If
    Next
End Sub
```

将上述 VBA 代码复制到 VBA 代码模块中执行，在 Word 文档中生成内容，如图 6-7 所示。

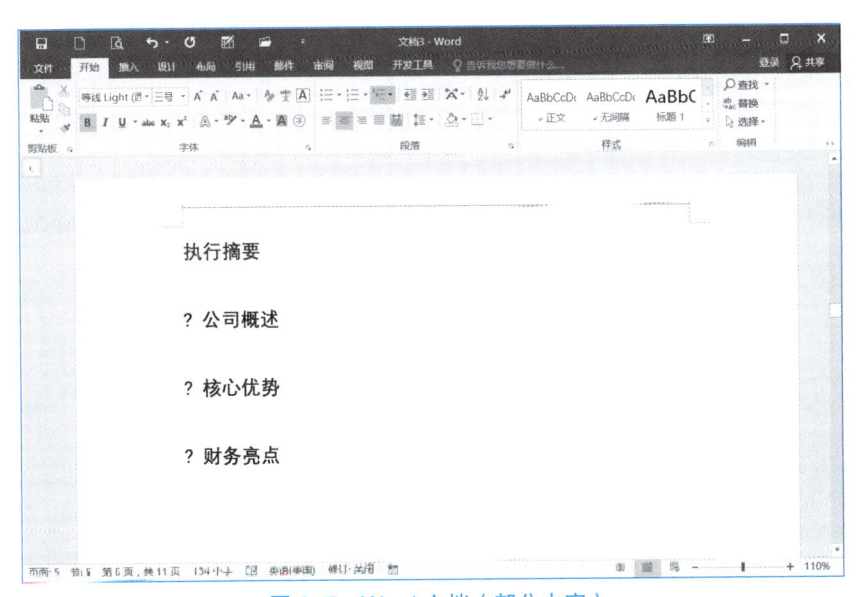

图 6-7　Word 文档（部分内容）

6.3　使用 DeepSeek+VBA 实现文件格式批量转换

我们可以通过 DeepSeek 辅助生成 VBA 代码，实现 Word 文件格式的批量转换：
（1）将早期版本文件格式的文件转换为当前标准格式的 Word 文件。
（2）将 Word 文件转换为 PDF 文件。

6.3.1　案例 14：将早期版本文件格式的 Word 文件批量转换为当前标准格式的 Word 文件

我们在办公时经常需要将 Word 的早期版本文件格式 .doc 转换为当前标准格式 .docx，其主要原因有：

（1）兼容性更好：.docx 文件与新版 Office 的兼容性更好，.doc 文件在新版 Office 中打开可能出现格式错乱的问题。

（2）体积更小：.docx 文件的体积通常小于同样内容的 .doc 文件，这可以节约存储空间，也更便于传输。

（3）支持更丰富的功能：.docx 文件支持 Word 2007 及后续版本的更多功能，如内嵌视频、扩展的图片编辑功能等。这些功能在 .doc 文件中可能会丢失。

（4）易于维护：.docx 文件的结构更加规范与透明，更易于进行技术维护与各种解析处理。

综上，将 .doc 文件批量转换为 .docx 文件，可以很好地解决文件兼容性较差、体积过大以及功能受局限等问题，使文件系统更加规范与先进。

虽然 Office 中的 Word 工具也可以将 .doc 文件转换为 .docx 文件，但是不能批量转换。VBA 可以有效实现两种格式文件间的自动化批量转换，这无疑为工作带来很大便利。

案例背景

假设指定的输入文件夹里有多个 .doc 文件，我们的目标是把这些 .doc 文件全部转换为 .docx 文件。

提示词如下：

帮我编写 VBA 代码，实现批量转换。将 .doc 文件转换为 .docx 文件。注意需要使用文件选择框选择文件输入和输出路径。

DeepSeek 输出如下：

```vba
Sub ConvertDocToDocx()
    Dim InputFolder As String
    Dim OutputFolder As String
    Dim FileName As String
    Dim WordApp As Object
    Dim Doc As Object
    
    ' 选择输入文件夹
    With Application.FileDialog(msoFileDialogFolderPicker)
        .Title = "请选择包含.doc文件的文件夹"
        If .Show = -1 Then
            InputFolder = .SelectedItems(1) & "\"
        Else
            MsgBox "未选择输入文件夹，操作取消。"
            Exit Sub
        End If
```

```vba
        End With
        
        ' 选择输出文件夹
        With Application.FileDialog(msoFileDialogFolderPicker)
            .Title = "请选择保存.docx文件的文件夹"
            If .Show = -1 Then
                OutputFolder = .SelectedItems(1) & "\"
            Else
                MsgBox "未选择输出文件夹,操作取消。"
                Exit Sub
            End If
        End With
        
        ' 创建Word应用程序对象
        Set WordApp = CreateObject("Word.Application")
        WordApp.Visible = False
        
        ' 获取输入文件夹中的第一个.doc文件
        FileName = Dir(InputFolder & "*.doc")
        Do While FileName <> ""
            ' 打开.doc文件
            Set Doc = WordApp.Documents.Open(InputFolder & FileName)
            ' 生成新的.docx文件名
            Dim NewFileName As String
            NewFileName = Left(FileName, InStrRev(FileName, ".") - 1) & ".docx"
            ' 保存为.docx格式
            Doc.SaveAs2 OutputFolder & NewFileName, 16 ' 16 代表 .docx 格式
            ' 关闭文档
            Doc.Close SaveChanges:=False
            ' 获取下一个.doc文件
            FileName = Dir
        Loop
        
        ' 退出Word应用程序
        WordApp.Quit
        
        MsgBox "所有.doc文件已成功转换为.docx文件。"
End Sub
```

将上述 VBA 代码复制到 VBA 代码模块中,如图 6-8 所示,然后按 F5 键执行。执行时会弹出输入文件夹和输出文件夹选择对话框,如图 6-9 所示。

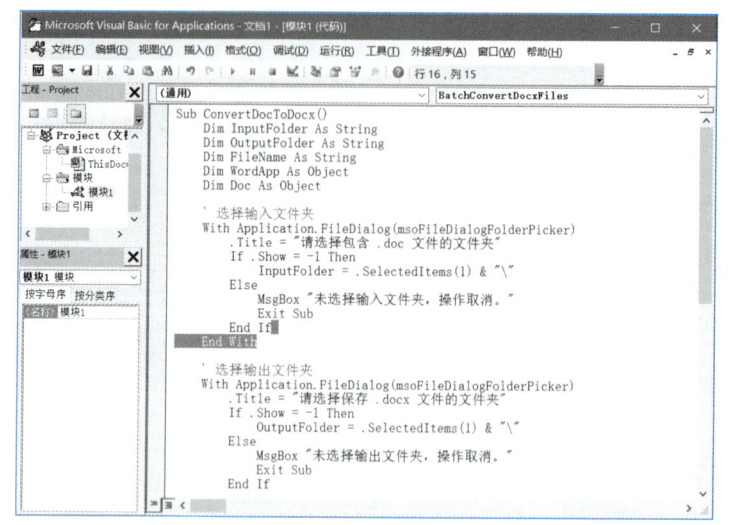

图 6-8　转换为 .doc 文件的 VBA 代码模块（部分内容）

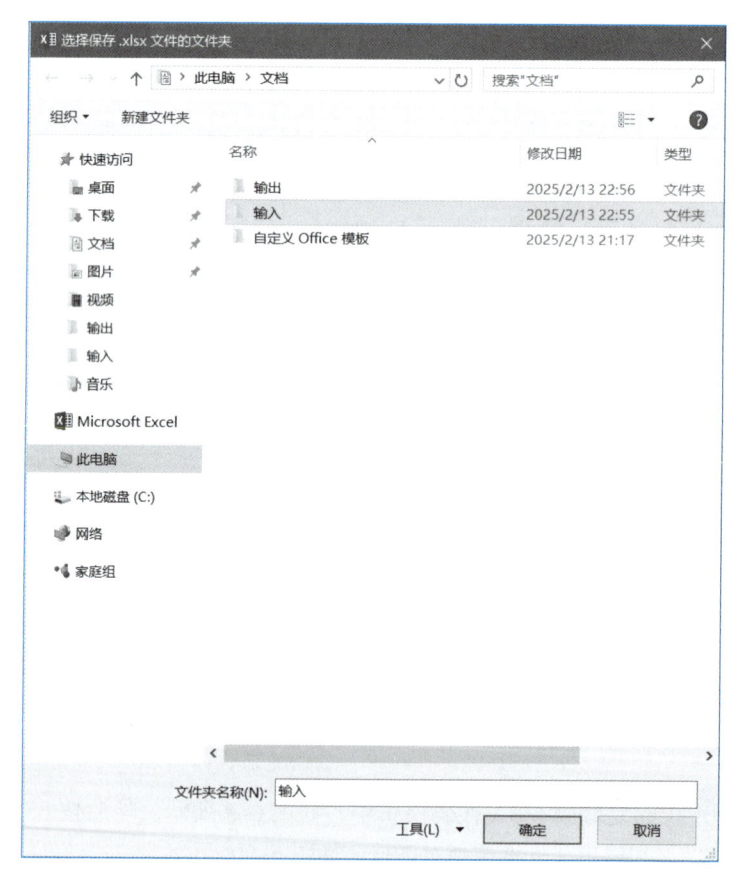

图 6-9　选择文件夹对话框

点击"确定",程序开始执行,执行结果可见图 6-10 所示的输入文件夹中的 .doc 文件被转换为 .docx 文件,如图 6-11 所示。

图 6-10　输入文件夹(.doc 文件)

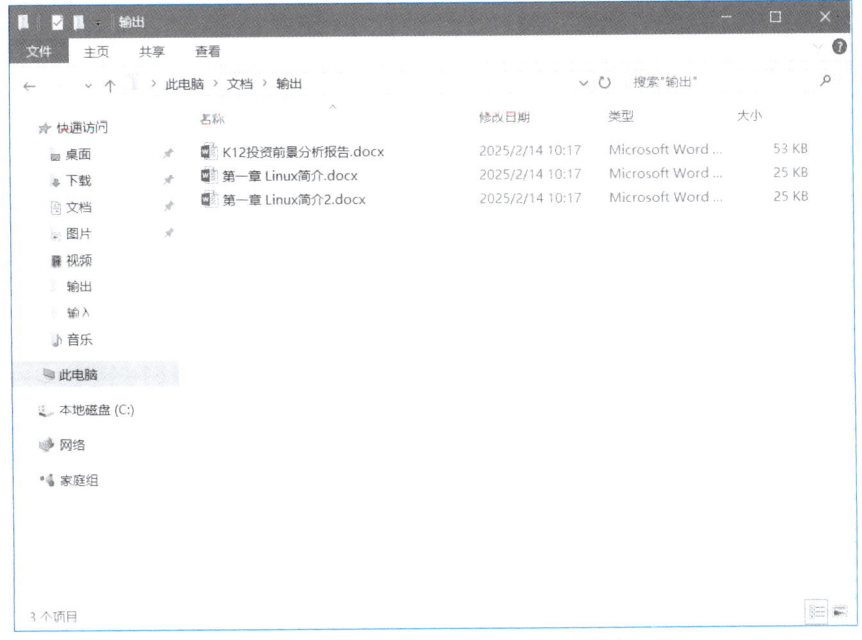

图 6-11　输出文件夹(.docx 文件)

6.3.2 案例15：将 Word 文件批量转换为 PDF 文件

我们在办公中经常要将 Word 文件转换为 PDF 文件，这是因为 Word 文件与 PDF 文件属于不同的文件格式，在某些场景或设备下，PDF 格式可能更加适用。另外，PDF 格式具有较高的兼容性，可以很好地在不同操作系统中打开，以及在不同设备上打印，更适合长期保存和外部交换。

虽然 Office 中的 Word 工具可以将 Word 文件转换为 PDF 文件，但是不能批量转换。批量转换可以通过 VBA 代码实现。

案例背景

假设指定的输入文件夹里有多个 .docx 文件。我们的目标是把这些 .docx 文件全部转换为 PDF 文件。

提示词如下：

帮我编写 VBA 代码，将 .docx 文件批量转换为 PDF 文件。注意需要使用文件选择框选择文件输入和输出路径。

DeepSeek 输出如下：

```vba
Sub ConvertDocxToPdf()
    Dim inputFolder As String
    Dim outputFolder As String
    Dim fileName As String
    Dim wordApp As Object
    Dim doc As Object
    
    ' 选择输入文件夹
    With Application.FileDialog(msoFileDialogFolderPicker)
        .Title = "请选择包含.docx文件的文件夹"
        If .Show = -1 Then
            inputFolder = .SelectedItems(1) & "\"
        Else
            MsgBox "未选择输入文件夹，操作取消。"
            Exit Sub
        End If
    End With
    
    ' 选择输出文件夹
    With Application.FileDialog(msoFileDialogFolderPicker)
```

```
            .Title = "请选择保存.pdf文件的文件夹"
            If .Show = -1 Then
                outputFolder = .SelectedItems(1) & "\"
            Else
                MsgBox "未选择输出文件夹，操作取消。"
                Exit Sub
            End If
        End With
        
        ' 创建 Word 应用程序对象
        Set wordApp = CreateObject("Word.Application")
        wordApp.Visible = False
        
        ' 获取输入文件夹中的第一个.docx文件
        fileName = Dir(inputFolder & "*.docx")
        Do While fileName <> ""
            ' 打开.docx文件
            Set doc = wordApp.Documents.Open(inputFolder & fileName)
            ' 生成新的.pdf文件名
            Dim newFileName As String
            newFileName = Left(fileName, InStrRev(fileName, ".") - 1) & ".pdf"
            ' 保存为.pdf格式
            doc.ExportAsFixedFormat outputFolder & newFileName, 17 ' 17 代表 PDF 格式
            ' 关闭文档
            doc.Close SaveChanges:=False
            ' 获取下一个.docx文件
            fileName = Dir
        Loop
        
        ' 退出 Word 应用程序
        wordApp.Quit
        
        MsgBox "所有.docx文件已成功转换为.pdf文件。"
End Sub
```

将上述 VBA 代码复制到 VBA 代码模块中，如图 6-12 所示，然后按 F5 键执行。执行结果可见图 6-13 所示的输入文件夹中的 .docx 文件被转换为 PDF 文件，如图 6-14 所示。

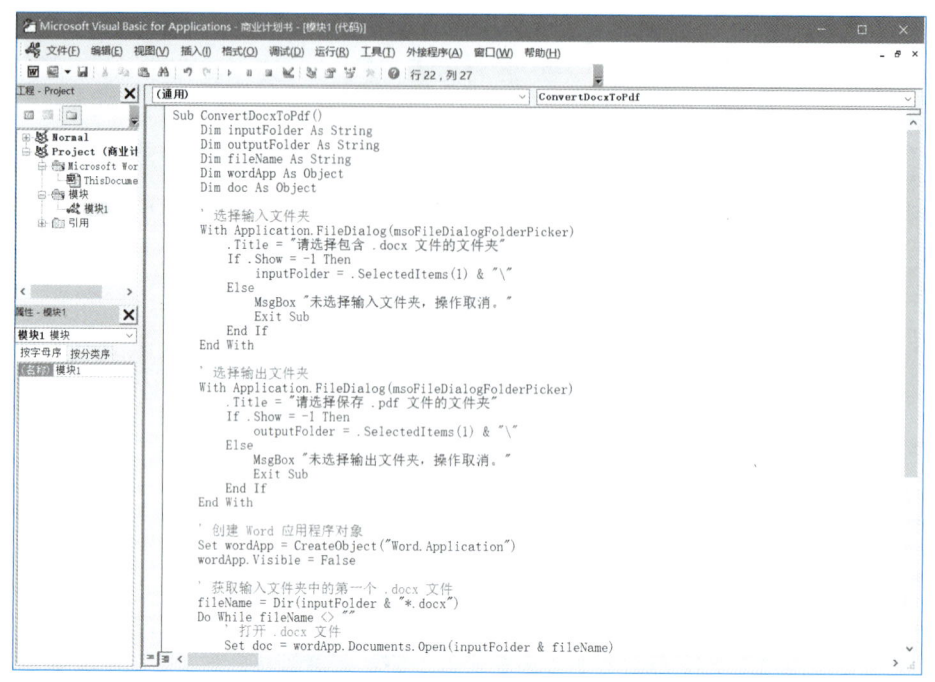

图 6-12 转换为 PDF 文件的 VBA 代码模块（部分内容）

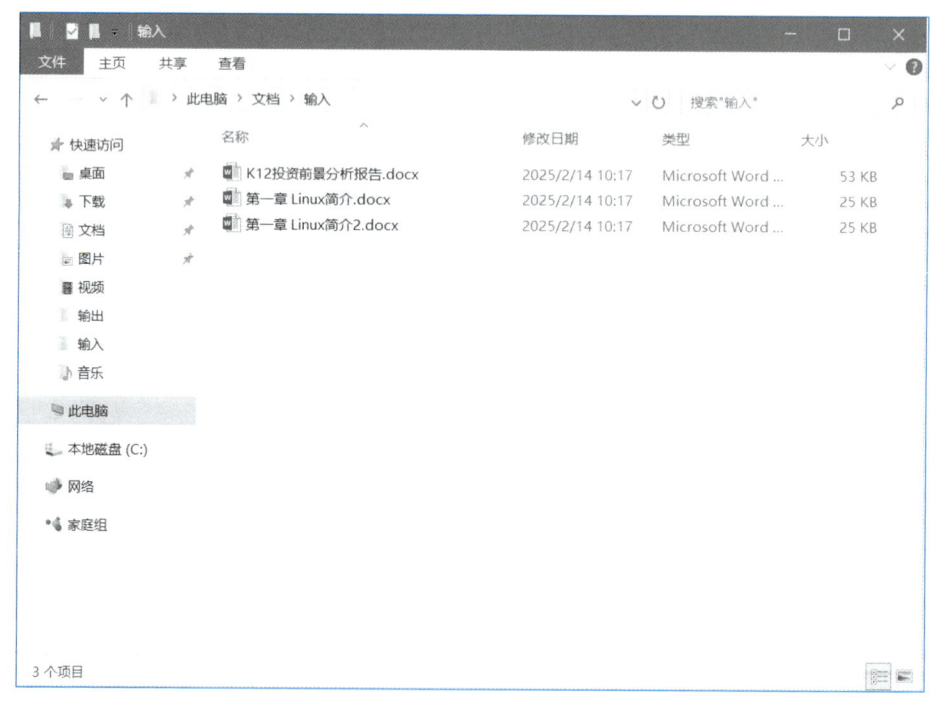

图 6-13 输入文件夹（.docx 文件）

图 6-14 输出文件夹（PDF 文件）

6.4 本章总结

  本章介绍了使用 DeepSeek 和 VBA 提高 Word 文档处理效率的方法。首先，我们探讨了 DeepSeek 在 Word 文档创建中的应用，并通过撰写商业计划书的案例展示了其实用性；其次，我们介绍了 VBA，并以生成 VBA 代码为例，说明了自动化处理文档的优势；最后，通过两个案例，我们展示了如何使用 DeepSeek 和 VBA 实现文件格式的批量转换，包括 Word 版本升级和将 Word 文件转换为 PDF 文件。这些技巧将有助于我们提高 Word 文档处理的效率。

第 7 章

PPT 演示文稿的智能制作技巧

在商务汇报、学术分享等诸多场景中，PPT 演示文稿都是传递信息的有力武器。一个好的 PPT，既能清晰呈现观点，又能吸引观众目光，增强内容的感染力。然而，制作 PPT 往往是个烦琐的过程，从构思大纲、设计模板，到生成文档、转换格式，每一步都可能耗费大量时间和精力。

现在，有了 DeepSeek 这一强大的智能工具，PPT 制作将迎来全新的变革。本章将带你深入了解如何利用 DeepSeek 进行 PPT 的智能制作，从大纲构思到格式转换，全方位提升 PPT 的制作效率与质量。

7.1 利用 DeepSeek 构思 PPT 大纲

在制作 PPT 时，构思一个条理清晰、逻辑严密的大纲至关重要。DeepSeek 能够根据主题自动生成合适的 PPT 大纲，并规划每一页的内容和结构。

7.1.1 输入主题，自动生成大纲

输入 PPT 的主题，例如"市场营销策略"或"年度财务报告"，为 DeepSeek 生成大纲提供基础信息。DeepSeek 可以利用自然语言处理技术对输入的主题进行分析，识别核心概念和关键信息，根据常见的 PPT 结构（如封面、引言、主体、结论）自动生成初步的大纲。

7.1.2 案例 16：构思"市场营销策略"PPT 大纲

我们以一个案例介绍一下如何使用 DeepSeek 构思 PPT 大纲。

案例背景

公司计划制作一个关于市场营销策略的 PPT，主题是展示过去一年市场营销活动的成果，并为下一年度的营销策略提供建议。该 PPT 将用于向高层管理团队汇报，内容需要涵盖市场分析、竞争态势、当前策略执行情况以及未来营销优化建议。

提示词如下：

请基于"市场营销策略"这一主题，帮助我生成一个 PPT 大纲，涵盖以下内容：市场分析、竞争态势、当前策略执行情况以及未来营销优化建议。

DeepSeek 输出如下：

幻灯片 1：封面

标题：市场营销策略全解析与未来规划

副标题：洞察当下，决胜未来

公司名称：[公司名称]

日期：[具体日期]

幻灯片 2：目录

市场分析

竞争态势

当前策略执行情况

未来营销优化建议

幻灯片 3~6：市场分析

幻灯片 3：市场规模与增长趋势

过去五年市场规模变化折线图

未来三年市场规模预测柱状图

列举驱动市场增长的主要因素（如经济发展、技术进步等）

幻灯片 4：目标客户群体细分

按年龄、性别、消费能力等维度划分的客户群体饼状图

阐述各细分群体的消费特征与需求痛点

估算针对不同群体的潜在市场规模

幻灯片 5：市场需求与痛点

展示采用问卷调查、访谈等方式得出的需求数据

深度剖析消费者未被满足的需求

预测需求变化趋势（如季节性、周期性变化等）

幻灯片 6：市场趋势与机会

解读行业政策对市场的影响

列举新兴技术带来的市场机遇

分析社会文化潮流对消费行为的引导

幻灯片 7~9：竞争态势

幻灯片 7：主要竞争对手识别

竞争对手名单及简要介绍

各竞争对手的市场份额占比条形图

竞争对手的核心业务与产品特点对比表格

幻灯片 8：竞争优势与劣势对比

本公司与竞争对手在产品质量、价格、服务等方面差别的雷达图

优势与劣势的详细文字说明及案例支撑

突出展示与竞争对手的差异化竞争点

幻灯片 9：竞争对手的营销策略分析

统计竞争对手的广告投放渠道与频率

评估促销活动形式与效果

分析品牌建设与公关活动案例

幻灯片 10～12：当前策略执行情况

幻灯片 10：营销策略目标回顾

年初设定的营销目标列表（如销售额增长、市场份额提升等）

目标设定的依据与背景说明

幻灯片 11：策略执行效果评估

展示各项营销活动的实际成果数据（如销售量、客户增长率等）

实际成果与目标的对比柱状图

解读效果评估的关键指标（如 ROI、客户满意度等）

幻灯片 12：执行过程中的问题与挑战

列举遇到的主要问题（如渠道堵塞、推广效果不佳等）

深入分析问题产生的原因

已采取的应对措施及效果反馈

幻灯片 13～15：未来营销优化建议

幻灯片 13：优化目标设定

确定基于市场分析和竞争态势的未来营销目标

论证目标的合理性与可行性

目标的分解与阶段性成果预期

幻灯片 14：具体优化策略

产品策略优化（如产品升级、产品线拓展等）

价格策略调整（如差异化定价、价格促销等）

渠道策略改进（如开拓新渠道、优化现有渠道等）

促销策略创新（如互动式促销、精准营销等）

幻灯片 15：实施计划与资源需求

优化策略的实施时间表甘特图

所需的人力、物力、财力资源清单

资源分配方案与预算规划

> 幻灯片 16：总结与展望
> 本次营销分析的核心要点回顾
> 对未来营销工作的信心表达
> 感谢语
> 幻灯片 17：Q&A
> 预留空白，供提问和解答使用

7.2 借助 DeepSeek 设计 PPT 模板

在制作 PPT 时，具有设计感的 PPT 模板不仅能提升 PPT 的视觉效果，还能增强信息的传达效果。DeepSeek 可以通过分析内容和主题提供智能化的模板设计方案，帮助用户快速生成合适的 PPT 样式。

7.2.1 与 DecpSeek 沟通模板需求

与 DeepSeek 沟通模板需求体现在如下几个方面。

1. 明确核心需求

在开始设计 PPT 模板之前，需要清晰地明确自己的核心需求，包括 PPT 的主题（市场营销策略、科技成果展示、企业文化宣传等）、使用场景（商务汇报、学术演讲、培训课程等）、受众群体（专业人士、普通大众、学生等）。如果是制作一个向企业高层汇报的市场营销策略 PPT，那么在与 DeepSeek 沟通时，要强调商务性、专业性和数据可视化的需求。

2. 详细描述设计风格

向 DeepSeek 详细描述期望的设计风格，可以提及色彩偏好，如希望使用冷色调营造专业冷静的氛围，或者使用暖色调传递热情活力的感觉；字体风格，是选择简洁现代的无衬线字体，还是选择具有古典韵味的衬线字体；整体布局的偏好，是倾向于简约大气的纯文字风格，还是倾向于丰富多样的图文混排风格。比如，对于一个展示科技成果的 PPT，可以要求 DeepSeek 使用蓝色系的冷色调，搭配简洁的无衬线字体，突出展示图片和数据图表。

3. 提供参考案例

如果有类似风格的 PPT 模板作为参考，可以向 DeepSeek 提供相关信息或图片。这有助于 DeepSeek 更准确地理解你的需求。例如，你可以说"我希望这个模板类似苹果公司产品发布会 PPT 的简洁风格，色彩上以白色和灰色为主，搭配少量蓝色"。

7.2.2 DeepSeek 生成模板设计建议

DeepSeek 生成模板设计建议体现在如下几个方面。

1. 色彩搭配方案

DeepSeek 会根据你提供的需求生成合适的色彩搭配方案。它会考虑色彩心理学原理，如红色通常代表热情、活力和警示，蓝色代表专业、冷静和信任等。对于市场营销策略 PPT 模板，DeepSeek 可能会建议使用橙色和蓝色的搭配，橙色能够吸引注意力，激发兴趣，蓝色则体现专业性和可靠性。同时，DeepSeek 还会给出每种颜色在模板中的具体应用建议，如标题使用橙色，正文使用蓝色，背景使用白色等。

2. 字体选择与排版

DeepSeek 会推荐合适的字体组合，并给出字体大小、粗细、间距等排版建议。在字体选择上，DeepSeek 会考虑可读性和与整体风格的协调性。对于商务汇报类 PPT，DeepSeek 可能会推荐 Arial 或微软雅黑作为正文字体，因为它们简洁易读；标题可以使用更具个性的字体，如 Impact 或方正大黑简体，以增强视觉冲击力。在排版方面，DeepSeek 会建议合理设置段落间距和行间距，使内容层次分明。

3. 布局结构设计

根据 PPT 的内容和用途，DeepSeek 会设计合理的布局结构。对于包含市场分析、竞争态势、当前策略执行情况以及未来营销优化建议的市场营销策略 PPT，DeepSeek 可能会设计一种多栏式的布局，将不同的内容板块清晰地分隔开来。同时，DeepSeek 会考虑如何突出重点内容，如使用大字体、图标或图片来吸引观众的注意力。例如，在市场分析部分，DeepSeek 可以将关键数据以图表的形式展示在页面中心，并使用不同颜色的柱状图或折线图来区分不同的数据指标。

7.2.3 案例 17："AI 在医疗领域的创新应用"PPT 模板设计

下面通过一个具体案例介绍一下如何使用 DeepSeek 设计 PPT 模板。

案例背景

在医疗行业，AI 的应用日益广泛，包括疾病诊断、个性化治疗、医学影像分析等。为了更清晰地展示这一主题，我们可以利用 DeepSeek 智能生成 PPT 模板，使演示内容更加直观、专业且富有吸引力。

提示词如下：

请根据"AI 在医疗领域的创新应用"这一主题，生成一个商务风格的 PPT 模板。模板应包含以下内容：AI 在医疗中的应用场景、关键技术、案例分析、未来趋势。希望设计风格简洁、科技感强，适合专业会议演示。请提供合适的版式、色彩方案和字体建议，并确保内容结构清晰、可读性强。

DeepSeek 输出如下：

《AI 在医疗领域的创新应用》PPT 模板方案

一、封面

版式

标题置于页面中心偏上位置，采用大字体突出显示。

副标题在标题下方，字体稍小。

公司名称和日期放在页面右下角，字体最小。

色彩方案

背景用深蓝色（如 RGB: 0, 32, 96），给人专业、沉稳的感觉。

标题用白色，副标题用淡蓝色（如 RGB: 135, 206, 250），形成鲜明对比且富有层次感。

公司名称和日期用浅灰色（如 RGB: 200, 200, 200）。

字体建议

标题用粗黑体，如汉仪大黑简体，醒目有力。

副标题用微软雅黑，简洁易读。

公司名称和日期用宋体。

内容

标题：AI 在医疗领域的创新应用

副标题：科技赋能，重塑医疗未来

公司名称：[公司名称]

日期：[具体日期]

二、目录

版式

页面左侧为竖排的目录标题，右侧可搭配简单的科技线条或图标。

每个目录项前可添加圆形或方形的图标，点击可实现页面跳转。

色彩方案

背景延续封面的科技蓝。

目录标题用白色，图标用淡蓝色。

字体建议

目录标题用微软雅黑，加粗。

内容

AI 在医疗中的应用场景

关键技术

案例分析

未来趋势

三、AI 在医疗中的应用场景

版式

采用左右分栏式布局，左侧为文字内容，右侧为相关图片或图表。
每个应用场景可单独成页，页首有小标题。
色彩方案
背景用浅科技蓝色（如 RGB: 224, 240, 255）。
小标题用深蓝色（如 RGB: 0, 32, 96），正文用深灰色（如 RGB: 50, 50, 50）。
图片和图表的边框用淡蓝色。
字体建议
小标题用黑体，正文用宋体。
内容
疾病诊断
小标题：精准洞察，快速诊断
正文：AI 通过分析大量的医学影像（如 X 射线、CT、MRI），能够检测出早期疾病的细微特征，辅助医生做出更准确的诊断。例如，在肺癌筛查中，AI 可以识别出小于 1 厘米的结节，并判断其恶性概率。
图片：展示 AI 分析医学影像的界面
药物研发
小标题：加速进程，创新突破
正文：AI 算法可以模拟药物分子与靶点的相互作用，预测药物的疗效和副作用，从而缩短研发周期、降低成本。比如，某药企借助 AI 技术将一款抗癌药物的研发时间从传统的数年缩短至数月。
图表：对比传统药物研发和 AI 辅助药物研发的时间和成本
健康管理
小标题：个性化关怀，全程守护
正文：AI 可以结合可穿戴设备和健康数据，为用户提供个性化的健康管理方案，包括饮食建议、运动计划和疾病预警等。以智能手环为例，它可以实时监测用户的心率、睡眠等数据，并通过 AI 分析给出相应的健康提示。
图片：展示可穿戴设备及相关的健康管理 App 界面
四、关键技术
版式
采用上下布局，上半部分为技术名称和简要介绍，下半部分为详细说明和相关图表。
色彩方案
背景用科技蓝渐变色（从深到浅）。
技术名称用白色，简要介绍用淡蓝色，详细说明用深灰色。
图表的线条和数据用不同的亮色区分。
字体建议
技术名称用黑体，加粗，简要介绍用微软雅黑，详细说明用宋体。

内容

机器学习

技术名称：机器学习

简要介绍：让计算机通过数据学习模式和规律，无须明确编程。

详细说明：在医疗领域，机器学习算法可以分析电子病历、临床数据等，预测疾病的发生风险和治疗效果。例如，基于逻辑回归算法可以预测心脏病的发病概率。

图表：展示机器学习算法的训练流程

自然语言处理

技术名称：自然语言处理

简要介绍：使计算机能够理解和处理人类语言。

详细说明：应用于医疗领域的电子病历分析、智能问诊等。例如，智能问诊系统可以理解患者的症状描述，并提供初步的诊断建议。

图表：展示自然语言处理在医疗中的应用流程

计算机视觉

技术名称：计算机视觉

简要介绍：让计算机像人类一样理解和解释图像和视频。

详细说明：在医学影像分析中发挥重要作用，如肿瘤的自动检测和切割。通过卷积神经网络（CNN）可以准确识别医学影像中的病变区域。

图表：展示计算机视觉在医学影像分析中的工作原理

五、案例分析

版式

每页展示一个案例，采用图文结合的方式，图片在上方，文字说明在下方。

色彩方案

背景用白色。

案例标题用深蓝色，文字说明用深灰色。

图片添加淡蓝色边框。

字体建议

案例标题用黑体，文字说明用宋体。

内容

案例一：某医院引入 AI 诊断系统

案例标题：AI 助力，提升诊断效率

文字说明：某三甲医院引入了一套 AI 诊断系统，用于肺部疾病的诊断。在使用该系统后，诊断时间平均缩短了 ×%，误诊率降低了 ×%。该系统通过深度学习算法对大量肺部影像进行学习，能够快速准确地识别出肺炎、肺结核等疾病。

图片：展示医院使用 AI 诊断系统的场景

案例二：某药企利用 AI 研发新药

案例标题：AI 加速，新药研发新突破

文字说明：某创新药企利用 AI 技术进行一款治疗罕见病药物的研发。通过 AI 算法筛选了数百万种化合物，快速确定了最有潜力的药物分子。该药物的研发周期比传统方法缩短了 × 年，且在临床试验中显示出了良好的疗效。

图片：展示药企的研发实验室和 AI 算法界面

六、未来趋势

版式

采用列表式布局，每个趋势点前有圆形图标。

色彩方案

背景用浅科技蓝色。

趋势标题用深蓝色，详细说明用深灰色。

圆形图标用淡蓝色。

字体建议

趋势标题用黑体，详细说明用宋体。

内容

多模态数据融合

趋势标题：多模态数据融合

详细说明：未来将整合医学影像、基因数据、临床记录等多模态数据，通过 AI 进行综合分析，提供更全面、精准的医疗决策支持。

远程医疗与 AI 结合

趋势标题：远程医疗与 AI 结合

详细说明：借助 5G 和物联网技术，实现远程医疗设备与 AI 的实时连接，专家能够远程对患者进行诊断和治疗，提高医疗资源的利用效率。

个性化医疗普及

趋势标题：个性化医疗普及

详细说明：基于个体的基因信息、生活习惯和健康数据，利用 AI 为患者制订个性化的治疗方案，改善治疗效果和患者的生活质量。

七、总结

版式

标题在页面中心，总结内容在下方。

底部可添加公司的 Logo 和联系方式。

色彩方案

背景用科技蓝色。

标题用白色，总结内容用淡蓝色。

Logo 保持原色，联系方式用浅灰色。

字体建议

标题用黑体，加粗，总结内容用微软雅黑。
内容
标题：总结与展望
总结内容：AI 在医疗领域的创新应用已经取得了显著的成果，通过先进的技术和实际案例，我们看到了其巨大的潜力。未来，随着技术的不断发展，AI 将为医疗行业带来更多的变革和机遇。
公司 Logo：[公司 Logo]
联系方式：[邮箱、电话等]
八、致谢
版式
简单的居中布局，"感谢聆听"四个字置于页面中心。
色彩方案
背景用科技蓝色。
文字用白色。
字体建议
用黑体，加粗，字号较大。
内容
感谢聆听

7.3 使用 DeepSeek 生成 PPT 文档

DeepSeek 目前是无法直接生成 PPT 文档的，那么如何使用 DeepSeek 生成 PPT 文档呢？用户可以采取如下步骤。

（1）使用 DeepSeek 生成 PPT 文档内容。
（2）编写 VBA 代码，生成 PPT 文档。

7.3.1 案例 18：使用 DeepSeek+VBA 制作 "AI 在医疗领域的创新应用" PPT

有了 PPT 文字内容之后，我们可以让 DeepSeek 辅助编写 VBA 程序，创建 PPT 文档。

提示词如下：
根据 "AI 在医疗领域的创新应用" 这一主题，通过 VBA 代码生成一份商务风格 PPT 的内容，包含以下部分：
AI 在医疗中的应用场景，如智能诊断、疾病预测、个性化治疗等。

关键技术介绍，包括机器学习、自然语言处理、医学影像分析等。
国内外医疗 AI 应用案例分析。
未来趋势，如 AI 与大数据结合、远程医疗和精准医疗等。
请确保内容简洁明了，适合专业会议展示。

DeepSeek 输出如下：

```
Sub CreateAIMedicalPPT()
    Dim pptApp As Object
    Dim pptPres As Object
    Dim slide As Object
    Dim slideIndex As Integer
    
    ' 启动PowerPoint应用
    Set pptApp = CreateObject("PowerPoint.Application")
    pptApp.Visible = True
    
    ' 创建新PPT
    Set pptPres = pptApp.Presentations.Add
    
    ' === 1. 封面 ===
    slideIndex = slideIndex + 1
    Set slide = pptPres.Slides.Add(slideIndex, ppLayoutTitle)
    slide.Shapes(1).TextFrame.TextRange.Text = "人工智能在医疗领域的创新应用"
    slide.Shapes(2).TextFrame.TextRange.Text = "AI赋能未来医疗 | 科技商务演示"
    
    ' === 2. AI在医疗中的应用场景 ===
    slideIndex = slideIndex + 1
    Set slide = pptPres.Slides.Add(slideIndex, ppLayoutText)
    slide.Shapes(1).TextFrame.TextRange.Text = "AI在医疗中的应用场景"
    slide.Shapes(2).TextFrame.TextRange.Text = "• 智能诊断\n• 疾病预测\n• 个性化治疗"
    
    ' === 3. 关键技术 ===
    slideIndex = slideIndex + 1
    Set slide = pptPres.Slides.Add(slideIndex, ppLayoutText)
    slide.Shapes(1).TextFrame.TextRange.Text = "AI在医疗中的关键技术"
    slide.Shapes(2).TextFrame.TextRange.Text = "• 机器学习\n• 自然语言处理\n• 医学影像分析"
    
    ' === 4. 案例分析 ===
    slideIndex = slideIndex + 1
    Set slide = pptPres.Slides.Add(slideIndex, ppLayoutText)
    slide.Shapes(1).TextFrame.TextRange.Text = "案例分析"
```

```
    slide.Shapes(2).TextFrame.TextRange.Text = "• 某医院AI诊断系统案
例\n• 远程医疗应用案例"

    ' === 5. 未来趋势 ===
    slideIndex = slideIndex + 1
    Set slide = pptPres.Slides.Add(slideIndex, ppLayoutText)
    slide.Shapes(1).TextFrame.TextRange.Text = "AI医疗未来趋势"
    slide.Shapes(2).TextFrame.TextRange.Text = "• AI与大数据结合\n• 
远程医疗的普及\n• 精准医疗的推动"

    ' === 保存PPT ===
    pptPres.SaveAs "C:\Users\YourUsername\Documents\AIMedical_
Presentation.pptx"

    ' 释放对象
    Set slide = Nothing
    Set pptPres = Nothing
    Set pptApp = Nothing
End Sub
```

ppLayoutText 是幻灯片版式。它是 VBA 中定义的常量，样式如图 7-1 所示，即"标题和文本"版式。这是最常用的版式。

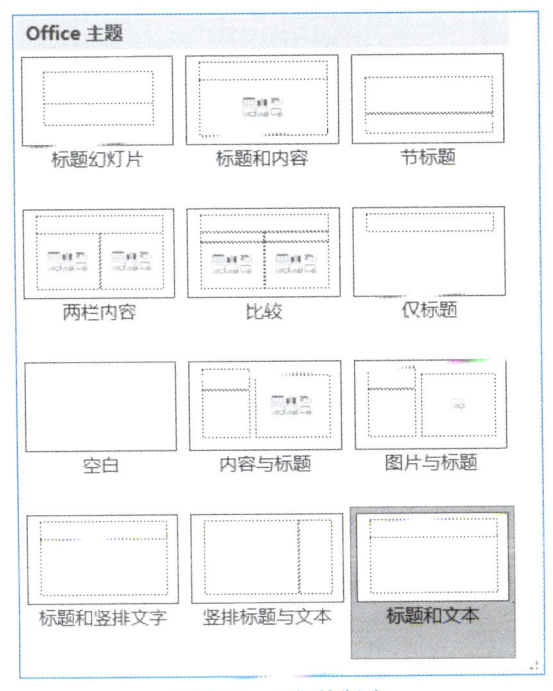

图 7-1 幻灯片版式

将上述 VBA 代码复制到 VBA 代码模块中，如图 7-2 所示，然后将生成的 PPT 路径（C:\Users\YourUsername\Documents\AIMedical_Presentation.pptx）修改为自定义路径，按 F5 键执行，就会在指定的目录下生成 PPT 文件。打开 PPT，内容如图 7-3 所示。

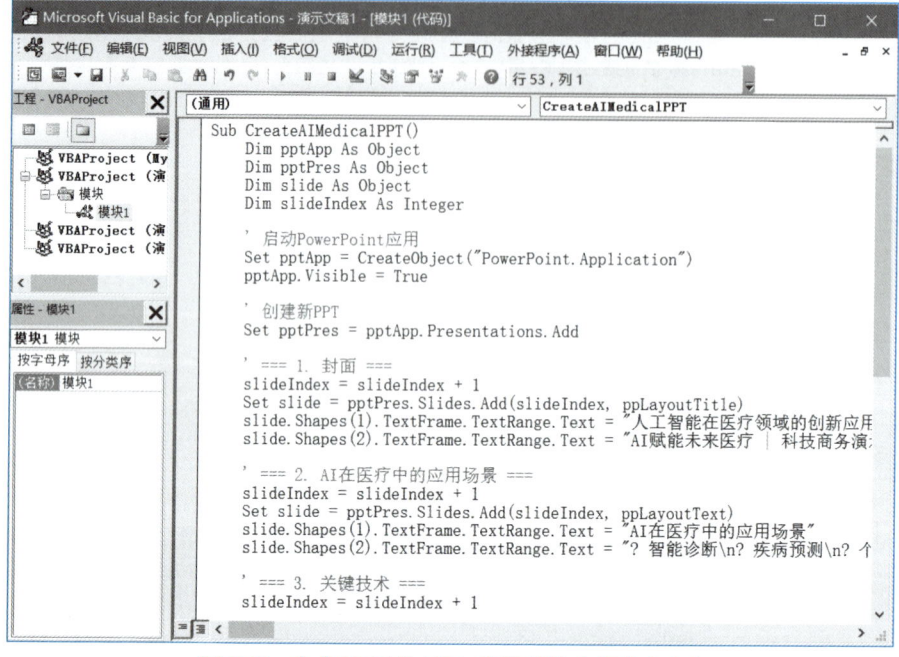

图 7-2　生成 PPT 的 VBA 代码模块（部分内容）

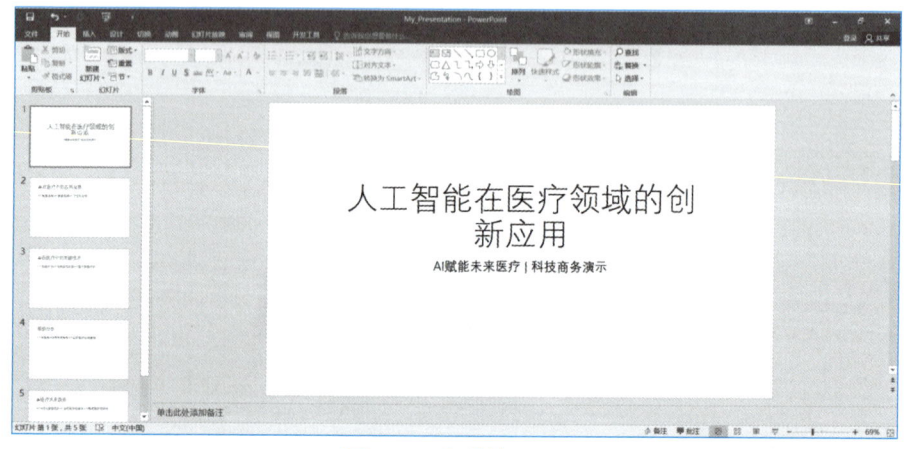

图 7-3　生成的 PPT

创建的 PPT 文档有如下两个问题：
（1）样式是默认的样式，读者可以根据需要设置样式。
（2）模板是默认的白色模板。

这两个问题可以通过重新设置模板解决。图 7-4 所示是重新设置模板后的 PPT。如何为 PPT 重新设置模板，这里不再赘述。

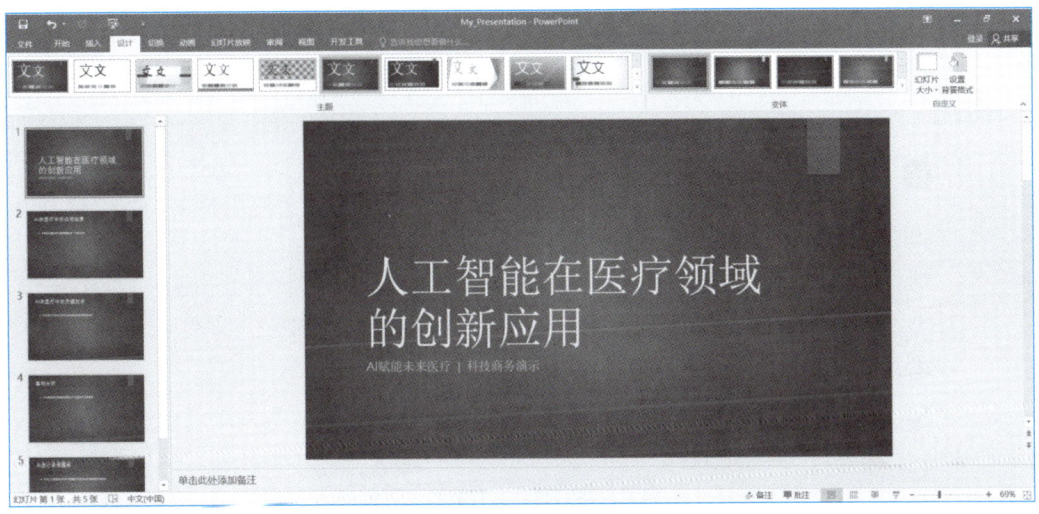

图 7-4 重新设置模板后的 PPT

7.3.2 使用 DeepSeek+Kimi 生成 PPT

Kimi 是由月之暗面科技有限公司（Moonshot AI）开发的 AI 助手，主页如图 7-5 所示。Kimi 最大的特点是其具备长文本处理能力。

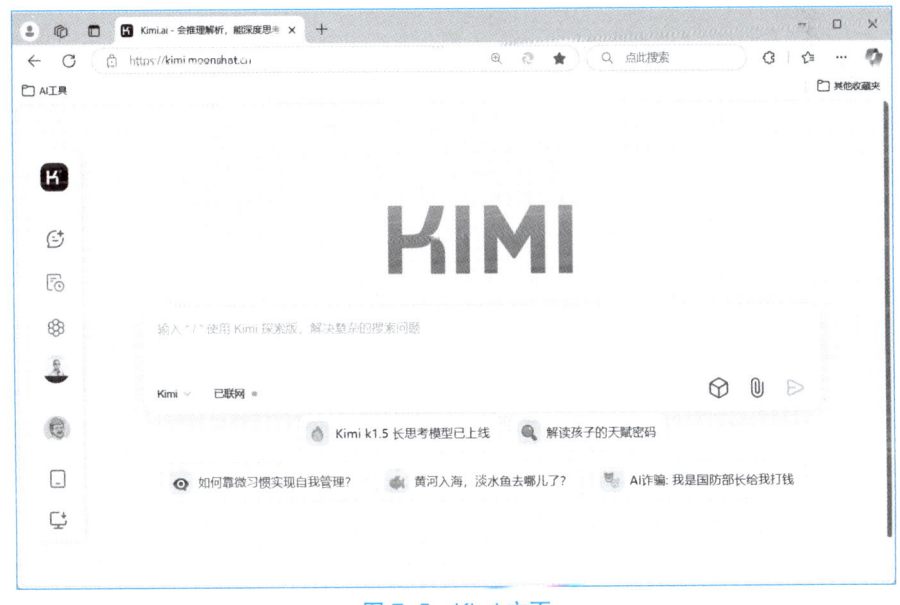

图 7-5 Kimi 主页

Kimi 提供了 PPT 助手，可以用来生成 PPT。单击主页左侧边栏 ⚙ 按钮，进入 Kimi+，如图 7-6 所示，可见 PPT 助手。单击 "PPT 助手" 按钮，打开图 7-7 所示的 PPT 助手。

图 7-6　Kimi+

图 7-7　PPT 助手

在图 7-7 所示的界面中，Kimi 会要求用户提供 PPT 大纲或简要内容。用户可以将预先准备好的 PPT 大纲直接输入，或者让 Kimi 自动生成。如图 7-8 所示，大纲生成之后会出现"一键生成 PPT"按钮。

图 7-8　PPT 助手生成 PPT 大纲

单击"一键生成 PPT"按钮，进入图 7-9 所示的模板选择页面。选择适合的模板，单击"生成 PPT"按钮，进入图 7-10 所示的 PPT 预览页面。

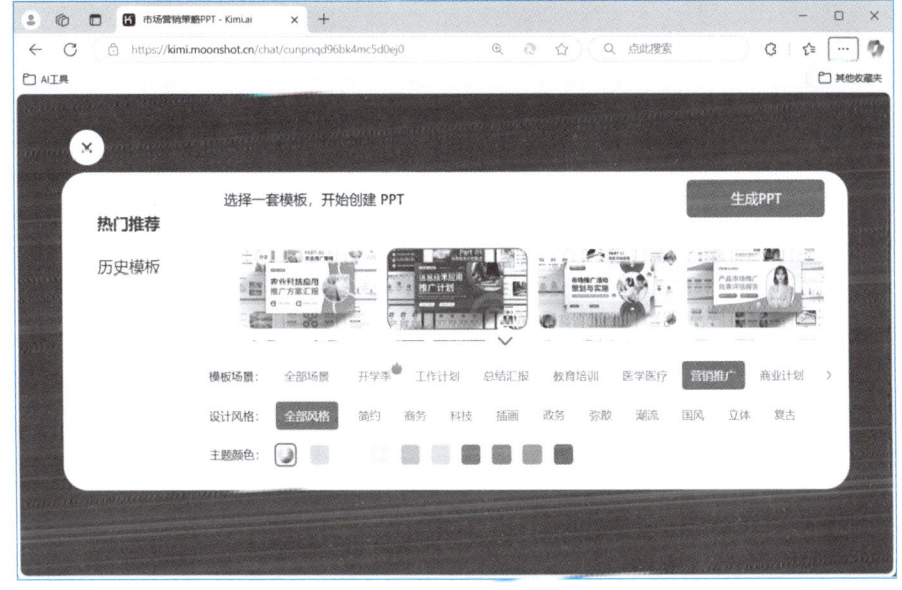

图 7-9　模板选择页面

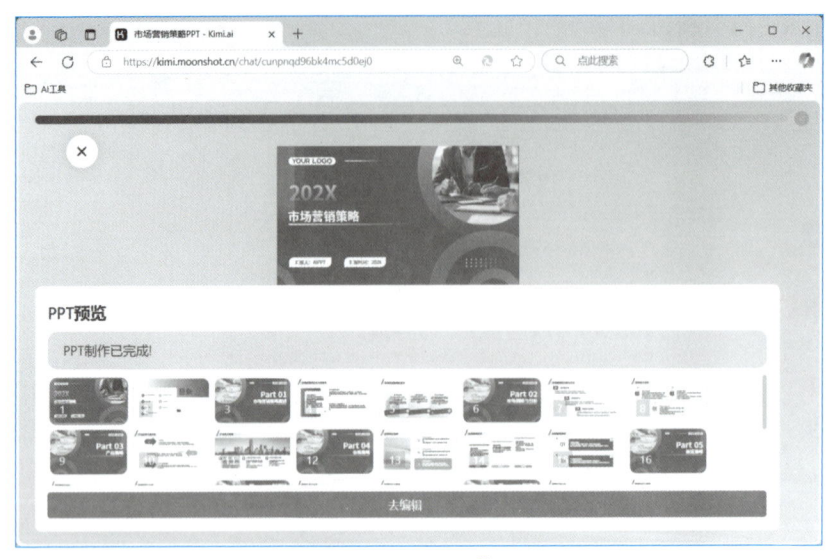

图 7-10 PPT 预览页面

在图 7-10 所示的 PPT 预览页面单击"去编辑"按钮，进入图 7-11 所示的编辑页面。

图 7-11 PPT 编辑页面

我们可以在图 7-11 所示的编辑页面中编辑 PPT。编辑完成后单击"下载"按钮，就可以下载 PPT 了。

7.3.3　案例 19：使用 DeepSeek+Kimi 生成"AI 在医疗领域的应用"PPT

依托强大的算法和先进的模型，DeepSeek 能够快速分析输入的主题，在短时间内生成完整且逻辑严密的 PPT 大纲。无论是商业汇报、学术演讲还是产品介绍，DeepSeek 都能迅速搭建起清晰的内容架构。

本节，我们使用 DeepSeek 与 Kimi 生成 AI 在医疗领域的应用 PPT。

具体步骤如下。

步骤 1：使用 DeepSeek 生成 PPT 主题与大纲。

提示词如下：

请基于"AI 在医疗领域的应用"这一主题，帮助我生成一个 PPT 大纲，包含以下部分：

AI 在医疗中的应用场景，如智能诊断、疾病预测、个性化治疗等。

关键技术介绍，包括机器学习、自然语言处理、医学影像分析等。

国内外医疗 AI 应用案例分析。

未来趋势，如 AI 与大数据结合、远程医疗和精准医疗等。

请确保内容简洁明了，适合专业会议展示。

DeepSeek 输出如下：

PPT 大纲：AI 在医疗领域的应用

1. 引言

主题介绍：AI 在医疗领域的广泛应用和未来潜力。

目的：探索 AI 如何革新医疗服务，提升诊断精度和治疗效果。

2. AI 在医疗中的应用场景

智能诊断

AI 分析医学影像（CT、MRI 等）帮助医生诊断早期疾病。

例如：AI 辅助肿瘤、心脏病等常见疾病的诊断。

疾病预测

AI 通过大数据分析，预测疾病发展趋势，帮助早期干预。

例如：利用 AI 预测癌症、糖尿病、心脏病等慢性疾病的风险。

个性化治疗

AI 根据患者的基因数据、病历和环境因素提供定制化治疗方案。

例如：精准治疗癌症、个性化用药方案。

医疗机器人

AI 驱动的手术机器人、康复机器人提高手术精度和治疗效率。

例如：达芬奇机器人系统、AI 辅助康复训练。

3. 关键技术介绍

机器学习

AI通过训练和优化模型识别疾病模式，应用于诊断、疾病预测等。
例如：深度学习在医学影像中的应用。

自然语言处理（NLP）
AI通过处理医疗文本数据（如病历、报告）提升撰写医疗文书的效率。
例如：智能问诊系统、病历自动分析。

医学影像分析
AI自动分析X射线、CT、MRI等影像数据，快速检测病变。
例如：肺癌、乳腺癌的AI辅助筛查。

大数据分析
利用AI分析海量医疗数据，为精准治疗提供依据。
例如：通过大数据优化药物研发和疾病预测。

4. 国内外医疗AI应用案例分析
国际案例
IBM Watson Health：AI辅助癌症治疗和个性化治疗方案推荐。
Google DeepMind：AI用于眼科疾病诊断，提升早期检测准确率。
PathAI：AI辅助病理分析，提高癌症诊断的准确性。
国内案例
百度智能医疗：AI辅助癌症筛查，提升诊断效率。
腾讯觅影：AI在乳腺癌、肺癌筛查中的应用，减少漏诊率。
阿里健康：AI在药品采购、供应链管理中的应用，提升效率。

5. 未来趋势
AI与大数据结合
AI结合大数据技术，提升疾病预测的精度，推动精准医疗。
例如：AI在基因组学数据中的应用，制订个性化治疗方案。

远程医疗
AI与远程医疗结合，打破地理限制，提升偏远地区的医疗服务水平。
例如：AI辅助的远程诊断和健康监测。

精准医疗
AI通过分析患者基因、环境、生活习惯等多维度数据，提供定制化的治疗方案。
例如：AI为癌症患者提供个性化的免疫治疗方案。

医疗AI普及化
随着AI技术的成熟和应用的普及，医疗AI将进入更多领域，降低医疗成本，提高效率。

6. 总结
AI的影响力：AI正在全面改变医疗行业，提高诊断准确性、治疗效果及工作效率。
展望未来：随着技术的不断进步，AI将在精准医疗、远程医疗等领域发挥越来越重要的作用。

备注：

每一部分的内容简洁明了，便于展示和理解。

强调 AI 在医疗中的实际应用场景和技术原理，使听众能够清楚了解 AI 如何在医疗行业中发挥作用。

步骤 2：在 Kimi 的 PPT 助手中生成 PPT。

提示词如下：

有如下 PPT 大纲，帮我生成 PPT。

PPT 大纲：AI 在医疗领域的应用

1. 引言

主题介绍：AI 在医疗领域的广泛应用和未来潜力。

目的：探索 AI 如何革新医疗服务，提升诊断精度和治疗效果。

2. AI 在医疗中的应用场景

智能诊断

AI 分析医学影像（CT、MRI 等）帮助医生诊断早期疾病。

例如：AI 辅助肿瘤、心脏病等常见疾病的诊断。

疾病预测

AI 通过大数据分析，预测疾病发展趋势，帮助早期干预。

例如：利用 AI 预测癌症、糖尿病、心脏病等慢性疾病的风险。

个性化治疗

AI 根据患者的基因数据、病历和环境因素提供定制化治疗方案。

例如：精准治疗癌症、个性化用药方案。

医疗机器人

AI 驱动的手术机器人、康复机器人提高手术精度和治疗效率。

例如：达芬奇机器人系统、AI 辅助康复训练。

3. 关键技术介绍

机器学习

AI 通过训练和优化模型识别疾病模式，应用于诊断、疾病预测等。

例如：深度学习在医学影像中的应用。

自然语言处理（NLP）

AI 通过处理医疗文本数据（如病历、报告）提升撰写医疗文书的效率。

例如：智能问诊系统、病历自动分析。

医学影像分析

AI 自动分析 X 射线、CT、MRI 等影像数据，快速检测病变。

例如：肺癌、乳腺癌的 AI 辅助筛查。

大数据分析

利用 AI 分析海量医疗数据，为精准治疗提供依据。

例如：通过大数据优化药物研发和疾病预测。

4. 国内外医疗 AI 应用案例分析

国际案例

IBM Watson Health：AI 辅助癌症治疗和个性化治疗方案推荐。

Google DeepMind：AI 用于眼科疾病诊断，提升早期检测准确率。

PathAI：AI 辅助病理分析，提高癌症诊断的准确性。

国内案例

百度智能医疗：AI 辅助癌症筛查，提升诊断效率。

腾讯觅影：AI 在乳腺癌、肺癌筛查中的应用，减少漏诊率。

阿里健康：AI 在药品采购、供应链管理中的应用，提升效率。

5. 未来趋势

AI 与大数据结合

AI 结合大数据技术，提升疾病预测的精度，推动精准医疗。

例如：AI 在基因组学数据中的应用，制订个性化治疗方案。

远程医疗

AI 与远程医疗结合，打破地理限制，提升偏远地区的医疗服务水平。

例如：AI 辅助的远程诊断和健康监测。

精准医疗

AI 通过分析患者基因、环境、生活习惯等多维度数据，提供定制化的治疗方案。

例如：AI 为癌症患者提供个性化的免疫治疗方案。

医疗 AI 普及化

随着 AI 技术的成熟和应用的普及，医疗 AI 将进入更多领域，降低医疗成本，提高效率。

6. 总结

AI 的影响力：AI 正在全面改变医疗行业，提高诊断准确性、治疗效果及工作效率。

展望未来：随着技术的不断进步，AI 将在精准医疗、远程医疗等领域发挥越来越重要的作用。

备注：

每一部分的内容简洁明了，便于展示和理解。

强调 AI 在医疗中的实际应用场景和技术原理，使听众能够清楚了解 AI 如何在医疗行业中发挥作用。

通过该提示词与 Kimi 的 PPT 助手交互，生成 PPT，如图 7-12 所示。

第 7 章　PPT 演示文稿的智能制作技巧

图 7-12　"AI 在医疗领域的应用"PPT

7.4　使用 DeepSeek+VBA 实现文件格式批量转换

我们可以通过 DeepSeek 辅助生成 VBA 代码，实现 PPT 文件格式的批量转换：
（1）将早期版本文件格式的 PPT 文件转换为当前标准格式的 PPT 文件。
（2）将 PPT 文件转换为 PDF 文件。

7.4.1　案例 20：将早期版本格式的 PPT 文件批量转换为当前标准格式的 PPT 文件

我们在办公时经常需要将 PPT 的早期版本文件格式 .ppt 转换为当前标准格式 .pptx，其主要原因有：

（1）兼容性更好。.pptx 文件是 Office 2007 引入的，几乎所有的设备和软件都支持打开播放，而 .ppt 文件在某些设备上可能会出现兼容性问题。
（2）体积更小。.pptx 文件的压缩算法更好，可以使文件体积大幅缩小，方便传输和存储。
（3）格式更丰富。.pptx 文件支持更丰富的格式，如新的幻灯片切换效果、主题效果、媒体格式等，可以让内容的质量更高。
（4）安全性更高。.pptx 文件的加密算法更强，可以保障演示内容的安全，而 .ppt 文件较容易被破解。
（5）支持宏代码。.pptx 文件支持宏代码，可以实现更强大的功能和动态效果，而 .ppt 文件不支持宏代码。

因此，在现代办公场景下，将 .ppt 文件转换为 .pptx 文件是必要的。

案例背景

假设指定的输入文件夹里有多个 .ppt 文件，我们的目标是把这些 .ppt 文件全部转换为 .pptx 文件。

提示词如下：

帮我编写 VBA 代码，实现批量转换。将 .ppt 文件转换为 .pptx 文件。注意需要使用文件选择框选择文件输入和输出路径。

DeepSeek 输出如下：

```
Sub ConvertPPTToPPTX()
    Dim InputFolder As String
    Dim OutputFolder As String
    Dim FileName As String
    Dim PPTApp As Object
    Dim Pres As Object
    
    ' 选择输入文件夹
    With Application.FileDialog(msoFileDialogFolderPicker)
        .Title = "请选择包含.ppt文件的文件夹"
        If .Show = -1 Then
            InputFolder = .SelectedItems(1) & "\"
        Else
            MsgBox "未选择输入文件夹，操作取消。"
            Exit Sub
        End If
    End With
    
    ' 选择输出文件夹
    With Application.FileDialog(msoFileDialogFolderPicker)
        .Title = "请选择保存.pptx文件的文件夹"
        If .Show = -1 Then
            OutputFolder = .SelectedItems(1) & "\"
        Else
            MsgBox "未选择输出文件夹，操作取消。"
            Exit Sub
        End If
    End With
    
    ' 创建 PowerPoint 应用程序对象
```

```
        Set PPTApp = CreateObject("PowerPoint.Application")

        ' 获取输入文件夹中的第一个.ppt文件
        FileName = Dir(InputFolder & "*.ppt")
        Do While FileName <> ""
            ' 打开.ppt文件
            Set Pres = PPTApp.Presentations.Open(InputFolder & FileName)
            ' 生成新的.pptx文件名
            Dim NewFileName As String
            NewFileName = Left(FileName, InStrRev(FileName, ".") - 1) &
".pptx"
            ' 保存为.pptx格式
            Pres.SaveAs OutputFolder & NewFileName, 24 ' 24 代表PPTX格式
            ' 关闭演示文稿
            Pres.Close
            ' 获取下一个.ppt文件
            FileName = Dir
        Loop


        MsgBox "所有.ppt文件已成功转换为.pptx文件。"
End Sub
```

将上述 VBA 代码复制到 VBA 代码模块中，如图 7-13 所示，然后按 F5 键执行。执行时会弹出输入文件夹和输出文件夹选择对话框。

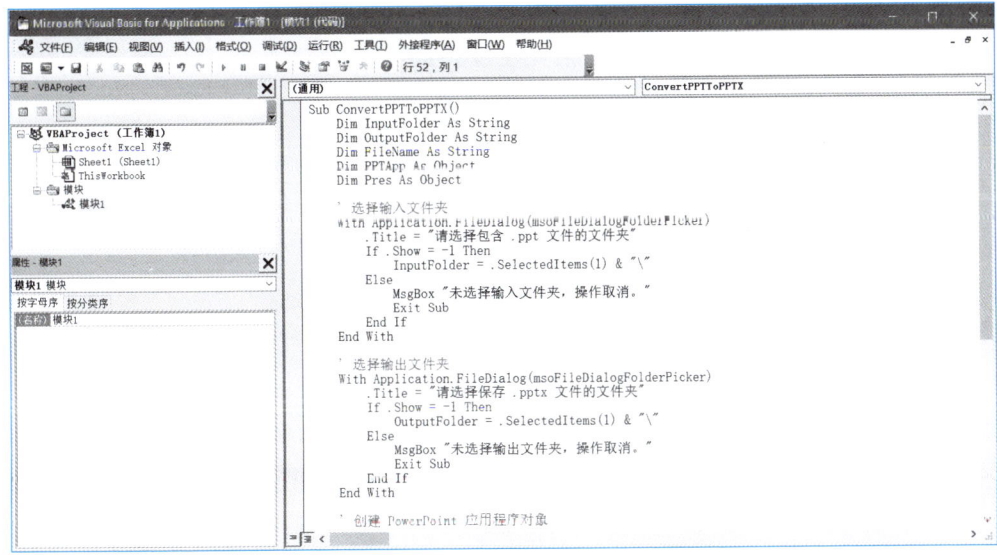

图 7-13　转换为 .pptx 文件的 VBA 代码模块（部分内容）

在选择对话框中点击"确定"后程序就开始执行了，执行结果可见图 7-14 所示的输入文件夹中的 .ppt 文件被转换为 .pptx 文件，如图 7-15 所示。

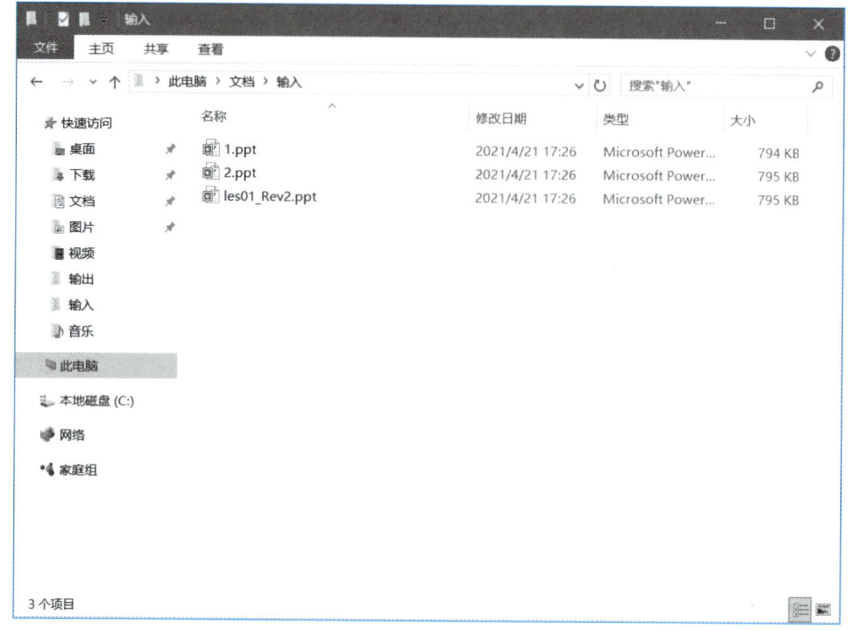

图 7-14　输入文件夹（.ppt 文件）

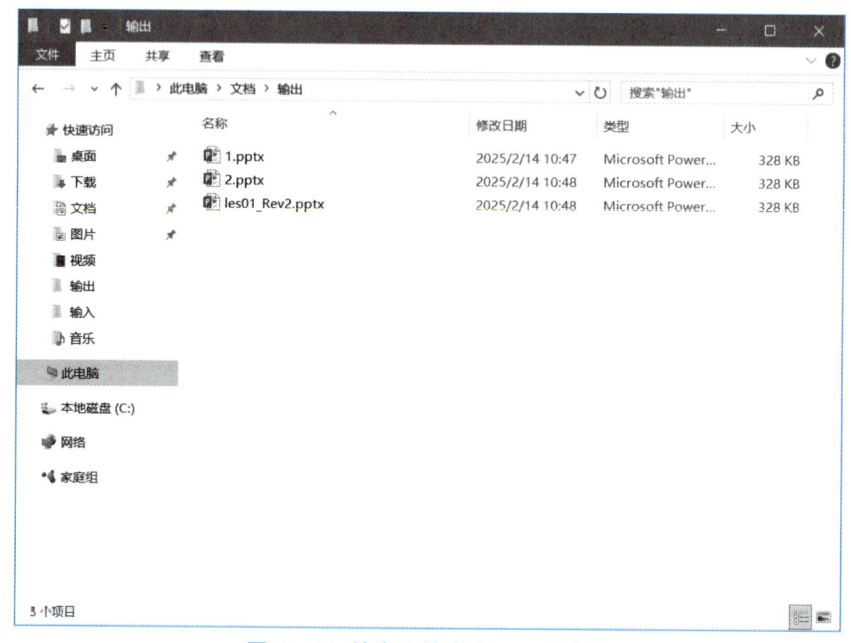

图 7-15　输出文件夹（.pptx 文件）

7.4.2 案例 21：将 PPT 文件批量转换为 PDF 文件

我们在办公中经常要将 PPT 文件转换为 PDF 文件，这是因为 PPT 文件与 PDF 文件属于不同的文件格式，在某些场景或设备下，PDF 格式可能更加适用。另外，PDF 格式具有较高的兼容性，可以很好地在不同操作系统中打开，以及在不同设备上打印，更适合长期保存和外部交换。

虽然 Office 中的 PPT 工具可以将 PPT 文件转换为 PDF 文件，但是不能批量转换。批量转换可以通过 VBA 代码实现。

案例背景

假设指定的输入文件夹里有多个 .pptx 文件。我们的目标是把这些 .pptx 文件全部转换为 PDF 文件。

提示词如下：

帮我编写 VBA 代码，将 .pptx 文件批量转换为 .pdf 文件。注意需要使用文件选择框选择文件输入和输出路径。

DeepSeek 输出如下：

```
Sub ConvertPPTXToPDF()
    Dim InputFolder As String
    Dim OutputFolder As String
    Dim FileName As String
    Dim PPTApp As Object
    Dim Pres As Object
    
    ' 选择输入文件夹
    With Application.FileDialog(msoFileDialogFolderPicker)
        .Title = "请选择包含.pptx文件的文件夹"
        If .Show = -1 Then
            InputFolder = .SelectedItems(1) & "\"
        Else
            MsgBox "未选择输入文件夹，操作取消。"
            Exit Sub
        End If
    End With
    
    ' 选择输出文件夹
```

```
        With Application.FileDialog(msoFileDialogFolderPicker)
            .Title = "请选择保存.pdf文件的文件夹"
            If .Show = -1 Then
                OutputFolder = .SelectedItems(1) & "\"
            Else
                MsgBox "未选择输出文件夹,操作取消。"
                Exit Sub
            End If
        End With

        ' 创建PowerPoint应用程序对象
        Set PPTApp = CreateObject("PowerPoint.Application")

        ' 获取输入文件夹中的第一个.pptx文件
        FileName = Dir(InputFolder & "*.pptx")
        Do While FileName <> ""
            ' 打开.pptx文件
            Set Pres = PPTApp.Presentations.Open(InputFolder & FileName)
            ' 生成新的.pdf文件名
            Dim NewFileName As String
            NewFileName = Left(FileName, InStrRev(FileName, ".") - 1) & ".pdf"
            ' 保存为.pdf格式
            Pres.SaveAs OutputFolder & NewFileName, 32 ' 32 代表 PDF 格式
            ' 关闭演示文稿
            Pres.Close
            ' 获取下一个.pptx文件
            FileName = Dir
        Loop


        MsgBox "所有.pptx文件已成功转换为.pdf文件。"
End Sub
```

将上述 VBA 代码复制到 VBA 代码模块中,如图 7-16 所示,然后按 F5 键执行。执行时会弹出输入文件夹和输出文件夹选择对话框。在选择对话框中点击"确定"后,程序就开始执行了,执行结果可见图 7-17 所示的输入文件夹中的多个 .pptx 文件被转换为 PDF 文件,如图 7-18 所示。

第 7 章　PPT 演示文稿的智能制作技巧

```
            Exit Sub
        End If
End With

' 创建 PowerPoint 应用程序对象
Set PPTApp = CreateObject("PowerPoint.Application")

' 获取输入文件夹中的第一个 .pptx 文件
FileName = Dir(InputFolder & "*.pptx")
Do While FileName <> ""
    ' 打开 .pptx 文件
    Set Pres = PPTApp.Presentations.Open(InputFolder & FileName)
    ' 生成新的 .pdf 文件名
    Dim NewFileName As String
    NewFileName = Left(FileName, InStrRev(FileName, ".") - 1) & ".pdf"
    ' 保存为 .pdf 格式
    Pres.SaveAs OutputFolder & NewFileName, 32 ' 32 代表 PDF 格式
    ' 关闭演示文稿
    Pres.Close
    ' 获取下一个 .pptx 文件
    FileName = Dir
Loop

MsgBox "所有 .pptx 文件已成功转换为 .pdf 文件。"
End Sub
```

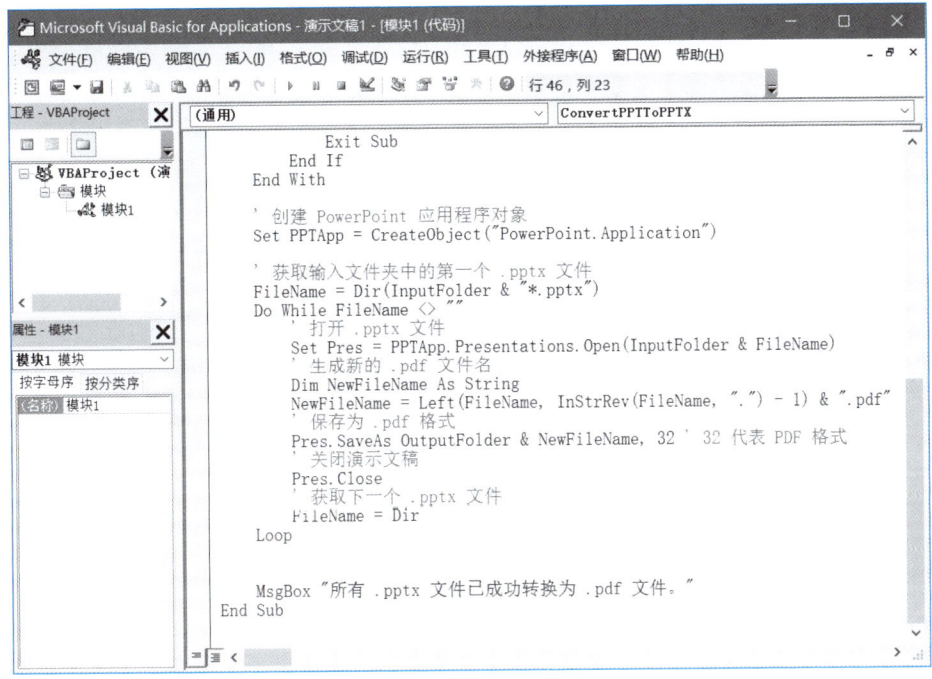

图 7-16　转换为 PDF 文件的 VBA 代码模块（部分内容）

图 7-17　输入文件夹（.pptx 文件）

115

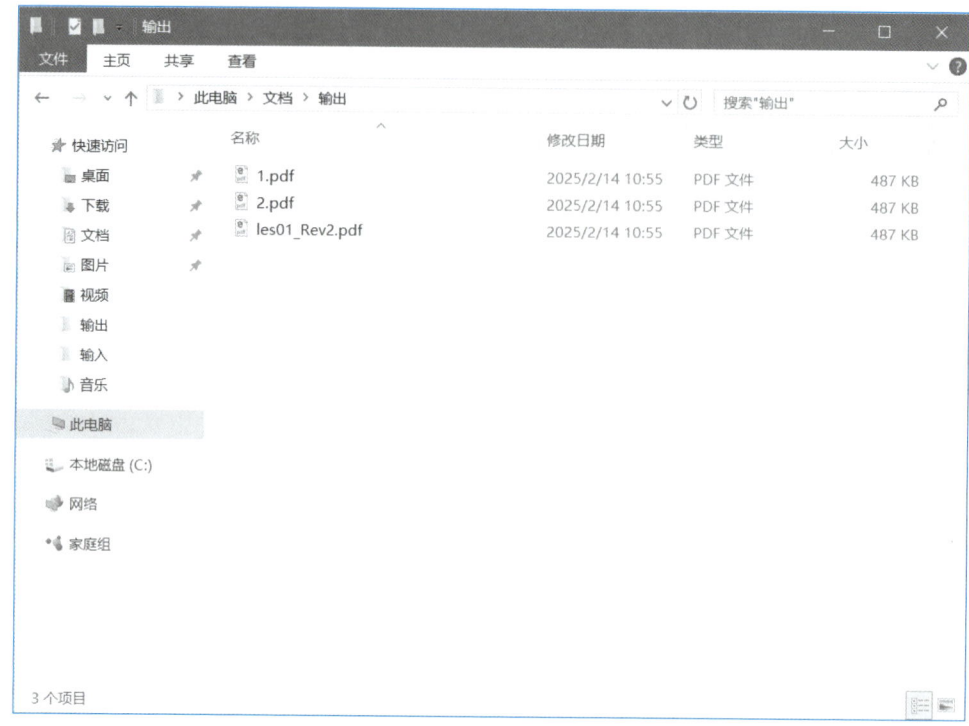

图 7-18　输出文件夹（PDF 文件）

7.5　本章总结

本章聚焦于利用 DeepSeek 实现 PPT 的智能制作。在大纲构思部分，我们讲了如何通过输入主题自动生成 PPT 大纲，并以市场营销策略案例展示其实用性。在模板设计部分，我们讲了如何与 DeepSeek 沟通需求、获得设计建议，并借助医疗领域创新应用案例加深理解。在生成 PPT 文档部分，我们介绍了 DeepSeek 结合 VBA、Kimi 的使用方法，并以医疗领域应用案例加以说明。最后，我们还讲解了使用 DeepSeek+VBA 进行文件格式转换，如将早期版本格式的 PPT 文件转换为当前标准格式的 PPT 文件、将 PPT 文件转换为 PDF 文件的批量操作。掌握这些技巧，能让 PPT 制作更加高效、智能。

第 8 章

Excel 数据处理的进阶之道

在办公数据的海洋中，Excel 宛如一艘功能强大的战舰，担负着数据处理、分析与展示的重任。无论是简单的表格记录，还是复杂的财务分析、业务数据处理，Excel 都发挥着不可替代的作用。然而，随着数据量的不断增大和业务需求的日益复杂，传统的 Excel 使用方式往往显得力不从心，效率低下且容易出错。

DeepSeek 的出现为 Excel 数据处理带来了全新的解决方案和进阶途径。在这一章，我们将深入探寻如何借助 DeepSeek 的强大能力，在 Excel 文档生成、文件格式转换、数据分析以及可视化报表制作等方面实现质的飞跃，开启 Excel 数据处理的新篇章。

8.1 使用 DeepSeek 生成 Excel 文档

Excel 文档在现代办公中应用广泛。利用 DeepSeek 辅助生成 Excel 文档，在办公场景中极为重要。

8.1.1 如何使用 DeepSeek 生成 Excel 文档

虽然 DeepSeek 无法直接生成 Excel 等二进制格式的文档，但是可以先生成 CSV 文档，然后再转换为 Excel 文档，相关内容可参见第 3.1.3 节和第 3.1.4 节。

8.1.2 案例 22：使用 DeepSeek 生成财务报表 Excel 文档

下面通过一个具体案例介绍一下如何使用 DeepSeek 生成财务报表。

案例背景

公司 2023 年 10 月份销售数据如下：
月份 ｜收入（万元）｜支出（万元）｜利润（万元）
----
1 月　｜500　　　｜300　　　｜200

2 月　|600　　|350　　|250

3 月　|550　　|400　　|150

4 月　|700　　|450　　|250

5 月　|750　　|500　　|250

6 月　|800　　|600　　|200

7 月　|650　　|400　　|250

8 月　|720　　|460　　|260

9 月　|750　　|480　　|270

10 月　|800　　|520　　|280

11 月　|850　　|530　　|320

12 月　|900　　|550　　|350

提示词如下：

根据如下数据帮我生成报表，返回 CSV 表格：

月份　|收入（万元）|支出（万元）|利润（万元）

----

1 月　|500　　|300　　|200

2 月　|600　　|350　　|250

3 月　|550　　|400　　|150

4 月　|700　　|450　　|250

5 月　|750　　|500　　|250

6 月　|800　　|600　　|200

7 月　|650　　|400　　|250

8 月　|720　　|460　　|260

9 月　|750　　|480　　|270

10 月　|800　　|520　　|280

11 月　|850　　|530　　|320

12 月　|900　　|550　　|350

DeepSeek 输出如下：

月份,收入（万元）,支出（万元）,利润（万元）

1 月,500,300,200

2 月,600,350,250

3 月,550,400,150

4 月,700,450,250

```
5月,750,500,250
6月,800,600,200
7月,650,400,250
8月,720,460,260
9月,750,480,270
10月,800,520,280
11月,850,530,320
12月,900,550,350
```

将上述 CSV 代码复制粘贴并保存为"2023 年财务报表 .csv"文件，然后使用 Excel 或 WPS 等工具打开该文件，如图 8-1 所示。

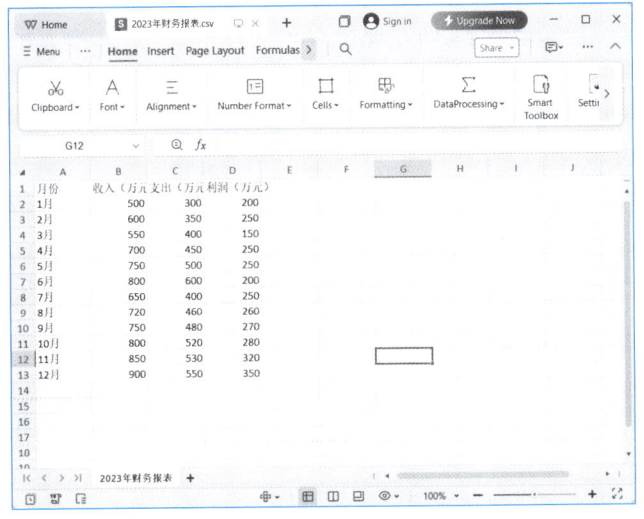

图 8-1　CSV 格式财务报表

再将 CSV 文件转换为 Excel 文件，如图 8-2 所示。

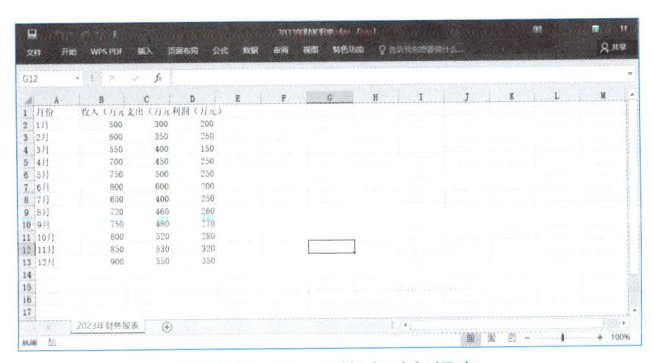

图 8-2　Excel 格式财务报表

8.2 使用 DeepSeek+VBA 实现文件格式批量转换、合并与拆分

Excel 文档支持使用 VBA 代码，因此我们可以通过 DeepSeek 辅助生成 VBA 代码，实现 Excel 文件格式的批量转换与批处理：

（1）将早期版本文件格式的 Excel 文件转换为当前标准格式的 Excel 文件。
（2）将 CSV 文件转换为 Excel 文件。
（3）将多个 Excel 文件合并为一个文件。
（4）将一个 Excel 文件拆分为多个文件。

8.2.1 案例 23：将早期版本文件格式的 Excel 文件批量转换为当前标准格式的 Excel 文件

我们在办公时经常需要将 Excel 的早期版本文件格式 .xls 转换为当前标准格式 .xlsx，其主要原因有：

（1）文件兼容性更好：在新版 Excel 中打开 .xls 文件可能出现格式错乱等问题，而 .xlsx 文件在各版本 Excel 中打开都没有问题，具有良好的兼容性。

（2）文件体积更小：相同内容的 .xlsx 文件，其体积通常小于 .xls 文件，这可以节约存储空间，也更便于文件传输和交换。

（3）更易维护与解析：.xlsx 文件的结构更加规范与透明，这使其更易于进行技术维护与各种数据解析处理。.xls 文件相对复杂一些，不太容易解析。

综上，将 .xls 文件批量转换为 .xlsx 文件，可以很好地解决多方面的问题，使文件系统更加规范、标准与先进。这无疑为日常工作中的数据处理带来很大的便利。

案例背景

假设指定的输入文件夹里有多个 .xls 文件，我们的目标是把这些 .xls 文件全部转换为 .xlsx 文件。

提示词如下：

帮我编写 VBA 代码，将 .xls 文件批量转换为 .xlsx 文件。注意需要使用文件选择框选择文件输入和输出路径。

DeepSeek 输出如下：

```
Sub BatchConvertXlsToXlsx()
    Dim FileDialog As FileDialog
    Dim SourceFolder As String
```

```
Dim DestFolder As String
Dim FileName As String
Dim wb As Workbook
Dim File As String
Dim SourceFile As String
Dim DestinationFile As String

' 选择输入文件夹
Set FileDialog = Application.FileDialog(msoFileDialogFolderPicker)
FileDialog.Title = "选择包含.xls文件的文件夹"
If FileDialog.Show = -1 Then
    SourceFolder = FileDialog.SelectedItems(1) & "\"
Else
    MsgBox "未选择输入文件夹，操作终止。", vbExclamation
    Exit Sub
End If

' 选择输出文件夹
Set FileDialog = Application.FileDialog(msoFileDialogFolderPicker)
FileDialog.Title = "选择保存.xlsx文件的文件夹"
If FileDialog.Show = -1 Then
    DestFolder = FileDialog.SelectedItems(1) & "\"
Else
    MsgBox "未选择输出文件夹，操作终止。", vbExclamation
    Exit Sub
End If

' 获取源文件夹下的所有文件
File = Dir(SourceFolder & "*.*")

' 遍历文件并转换
Do While File <> ""
    ' 仅处理.xls文件（排除 .xlsx）
    If LCase(Right(File, 4)) = ".xls" And LCase(Right(File, 5)) <> ".xlsx" Then
            ' 构造文件路径
            SourceFile = SourceFolder & File
            Set wb = Workbooks.Open(SourceFile)

            ' 生成新的文件名
            DestinationFile = DestFolder & Left(File, Len(File) - 4) & ".xlsx"
```

```
        ' 保存为.xlsx格式
        wb.SaveAs DestinationFile, FileFormat:=xlOpenXMLWorkbook

        ' 关闭工作簿
        wb.Close False
    End If

    ' 处理下一个文件
    File = Dir
  Loop

  MsgBox "所有.xls文件已成功转换为.xlsx! ", vbInformation
End Sub
```

将上述 VBA 代码复制到 VBA 代码模块中，如图 8-3 所示，然后按 F5 键执行。执行时会弹出输入文件夹和输出文件夹选择对话框，如图 8-4 所示。

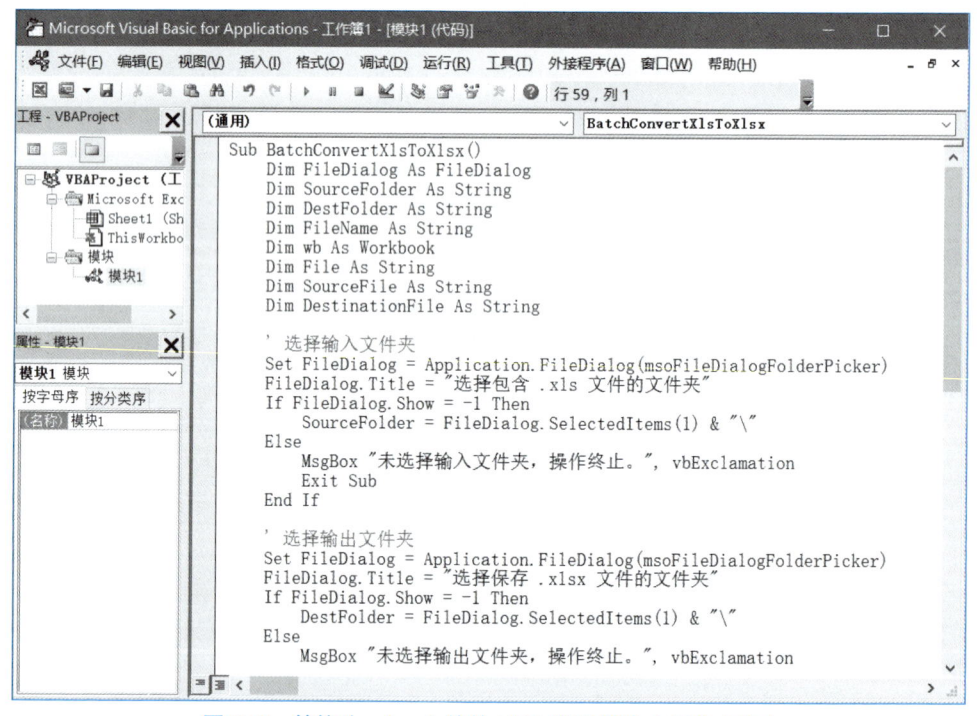

图 8-3　转换为 .xlsx 文件的 VBA 代码模块（部分内容）

在选择对话框中点击"确定"后程序开始执行，执行结果可见图 8-5 所示的输入文件夹中的 .xls 文件被转换为 .xlsx 文件，如图 8-6 所示。

图 8-4 选择文件夹对话框

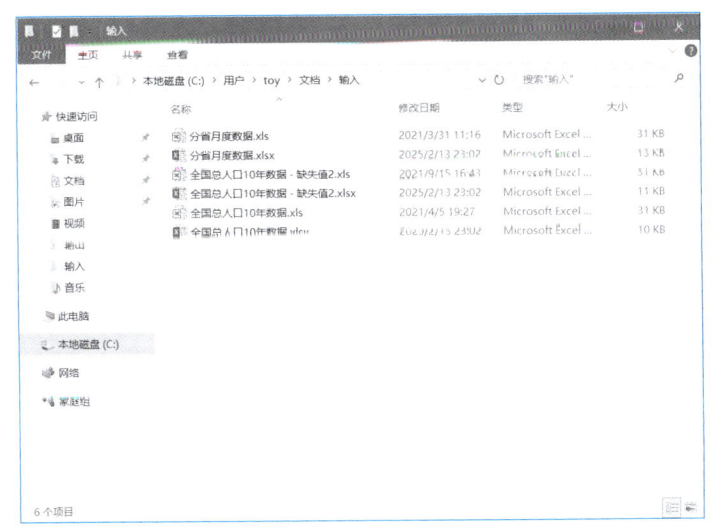

图 8-5 输入文件夹（.xls 文件）

图 8-6 输出文件夹（.xlsx 文件）

> 在 Excel 文件中打开 VBA 代码模块的过程与在 Word 文件中打开 VBA 代码模块的过程类似，只是 Excel 的 VBA 对象与 Word 的 VBA 对象不同，这属于 VBA 的具体 API 细化，超出了本书的介绍范围。

8.2.2 案例 24：将 CSV 文件批量转换为 Excel 文件

我们有时候需要将 CSV 文件批量转换为 Excel 文件。

案例背景

如图 8-7 所示，指定的输入文件夹里有多个 CSV 文件。我们的目标是把这些 CSV 文件全部转换为 Excel 文件。

图 8-7 输入文件夹（CSV 文件）

提示词如下：

帮我编写 VBA 代码，将 CSV 文件批量转换为 Excel 文件。注意需要使用文件选择框选择文件输入和输出路径。

DeepSeek 输出如下：

```
Sub ConvertCSVtoXLSX()
    Dim inputFolder As String, outputFolder As String
    Dim fileName As String, inputFilePath As String, outputFilePath As String
    Dim fileDialog As fileDialog
    Dim wb As Workbook
    Dim fso As Object
    
    ' 选择输入文件夹（存放 CSV 文件）
    Set fileDialog = Application.fileDialog(msoFileDialogFolderPicker)
    fileDialog.Title = "选择包含.csv文件的文件夹"
    If fileDialog.Show = -1 Then
        inputFolder = fileDialog.SelectedItems(1)
    Else
        MsgBox "未选择输入文件夹，操作取消！", vbExclamation
        Exit Sub
    End If
    
    ' 选择输出文件夹（存放 XLSX 文件）
    fileDialog.Title = "选择保存.xlsx文件的文件夹"
    If fileDialog.Show = -1 Then
        outputFolder = fileDialog.SelectedItems(1)
    Else
        MsgBox "未选择输出文件夹，操作取消！", vbExclamation
        Exit Sub
    End If
    
    ' 创建文件系统对象
    Set fso = CreateObject("Scripting.FileSystemObject")
    
    ' 遍历输入文件夹中的所有.csv文件
    fileName = Dir(inputFolder & "\*.csv")
    Do While fileName <> ""
        inputFilePath = inputFolder & "\" & fileName
        outputFilePath = outputFolder & "\" & Replace(fileName, ".csv", ".xlsx")
```

```vba
        ' 打开CSV文件
        Set wb = Workbooks.Open(inputFilePath)

        ' 将CSV文件另存为XLSX格式
        wb.SaveAs outputFilePath, xlOpenXMLWorkbook  ' 51 =
xlOpenXMLWorkbook

        ' 关闭当前文件
        wb.Close SaveChanges:=False

        ' 处理下一个文件
        fileName = Dir
    Loop

    ' 释放对象
    Set wb = Nothing
    Set fso = Nothing
    Set fileDialog = Nothing

    MsgBox "批量转换完成！", vbInformation
End Sub
```

将上述 VBA 代码复制到 VBA 代码模块中，如图 8-8 所示，然后按 F5 键执行。具体过程不再赘述。

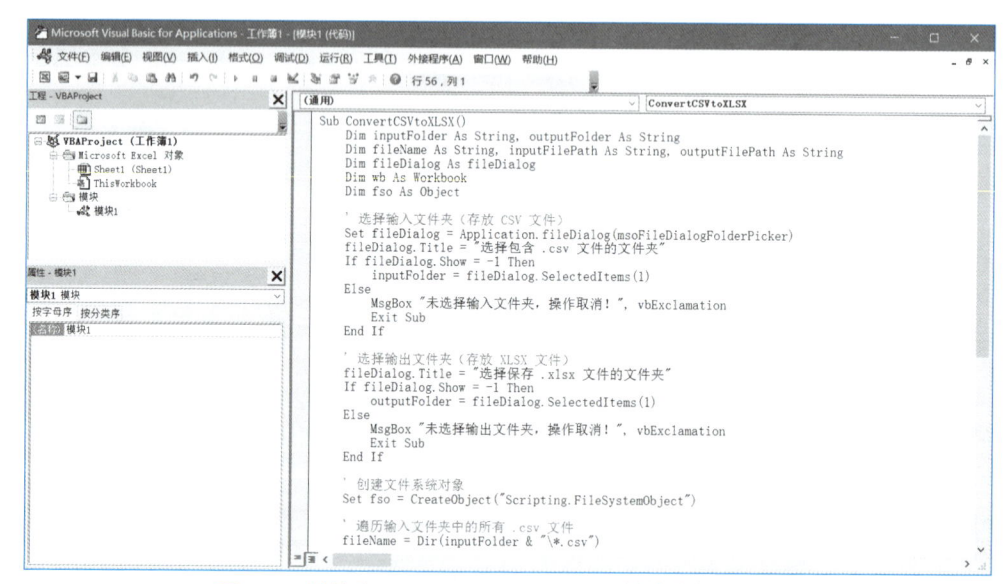

图 8-8　转换为 Excel 文件的 VBA 代码模块（部分内容）

转换完成后的 Excel 文件如图 8-9 所示。

图 8-9　输出文件夹（Excel 文件）

8.2.3　案例 25：将多个 Excel 文件合并为一个 Excel 文件

有时我们需要将多个 Excel 文件合并为一个文件，这通常发生在需要集中管理多个数据源或将分散的数据进行汇总时。本节将介绍如何使用 DeepSeek 生成 VBA 代码，将多个 Excel 文件中的数据合并到一个文件中。

案例背景

如图 8-10 所示，指定的输入文件夹中有多个 Excel 文件。我们的目标是将这些 Excel 文件合并，生成一个新 Excel 文件，且将新 Excel 文件里对应工作表的名称设置为源文件的文件名。

图 8-10　输入文件夹（多个 Excel 文件）

提示词如下：

请编写一段 VBA 代码，实现以下功能：

- 遍历多个 Excel 文件，这些文件中的每一个都包含名为"Sheet1"的工作表。
- 将所有"Sheet1"工作表中的数据合并到一个新创建的工作簿，工作表名为该文件名。
- 合并完成后，将新工作簿保存为"合并结果.xlsx"。
- 在代码运行过程中，提供选择输出路径的功能，允许用户指定"合并结果.xlsx"的保存位置。

DeepSeek 输出如下：

```
Sub MergeExcelFilesToNamedSheets()
    Dim FolderPath As String
    Dim FileName As String
    Dim SourceWorkbook As Workbook
    Dim SourceSheet As Worksheet
    Dim DestinationWorkbook As Workbook
    Dim DestinationSheet As Worksheet
    Dim SavePath As String
    
    ' 选择包含要合并文件的文件夹
    With Application.FileDialog(msoFileDialogFolderPicker)
        .Title = "请选择包含Excel文件的文件夹"
        If .Show = -1 Then
            FolderPath = .SelectedItems(1) & "\"
        Else
            MsgBox "未选择文件夹，操作取消。"
            Exit Sub
        End If
    End With
    
    ' 选择保存合并结果的路径
    With Application.FileDialog(msoFileDialogSaveAs)
        .Title = "请选择合并结果文件的保存位置"
        .InitialFileName = "合并结果.xlsx"
        If .Show = -1 Then
            SavePath = .SelectedItems(1)
        Else
            MsgBox "未选择保存位置，操作取消。"
            Exit Sub
        End If
    End With
```

```vb
    ' 创建新的工作簿
    Set DestinationWorkbook = Workbooks.Add
    
    ' 遍历文件夹中的Excel文件
    FileName = Dir(FolderPath & "*.xlsx")
    Do While FileName <> ""
        ' 打开源工作簿
        Set SourceWorkbook = Workbooks.Open(FolderPath & FileName)
        On Error Resume Next
        Set SourceSheet = SourceWorkbook.Sheets("Sheet1")
        On Error GoTo 0
        
        If Not SourceSheet Is Nothing Then
            ' 在目标工作簿中添加新工作表
            Set DestinationSheet = DestinationWorkbook.Sheets.Add(After:=DestinationWorkbook.Sheets(DestinationWorkbook.Sheets.Count))
            ' 去除文件名的扩展名,作为工作表名称
            Dim sheetName As String
            sheetName = Left(FileName, InStrRev(FileName, ".") - 1)
            ' 确保工作表名称唯一
            sheetName = GetUniqueSheetName(DestinationWorkbook, sheetName)
            DestinationSheet.Name = sheetName
            ' 复制数据
            SourceSheet.UsedRange.Copy DestinationSheet.Range("A1")
        End If
        
        ' 关闭源工作簿,不保存更改
        SourceWorkbook.Close SaveChanges:=False
        FileName = Dir
    Loop
    
    ' 删除新建工作簿的默认工作表
    Application.DisplayAlerts = False
    DestinationWorkbook.Sheets(1).Delete
    Application.DisplayAlerts = True
    
    ' 保存合并后的工作簿
    DestinationWorkbook.SaveAs FileName:=SavePath
    DestinationWorkbook.Close
    
    MsgBox "合并完成,结果已保存到 " & SavePath
End Sub

Function GetUniqueSheetName(ByRef wb As Workbook, ByVal baseName As String) As String
```

```
        Dim tempName As String
        Dim counter As Integer
        counter = 1
        tempName = baseName
        
        Do While SheetExists(wb, tempName)
            tempName = baseName & " (" & counter & ")"
            counter = counter + 1
        Loop
        
        GetUniqueSheetName = tempName
End Function

Function SheetExists(ByRef wb As Workbook, ByVal sheetName As String) As Boolean
        Dim ws As Worksheet
        On Error Resume Next
        Set ws = wb.Sheets(sheetName)
        On Error GoTo 0
        SheetExists = Not (ws Is Nothing)
End Function



Sub ConvertCSVtoXLSX()
        Dim inputFolder As String, outputFo
```

将上述 VBA 代码复制到 VBA 代码模块中，如图 8-11 所示，然后按 F5 键执行。具体过程不再赘述。

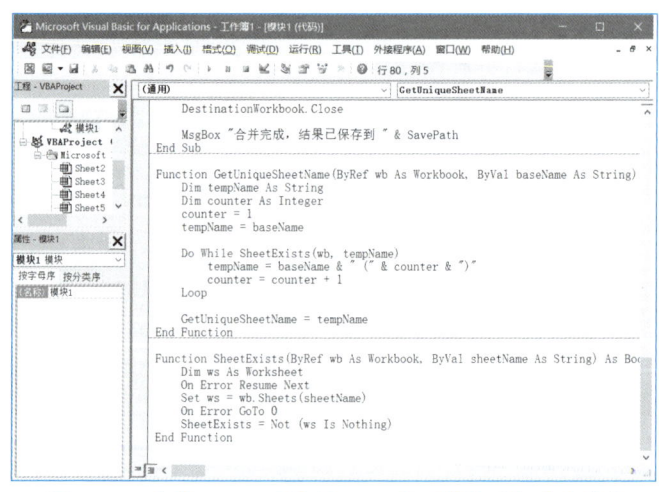

图 8-11　合并 Excel 文件的 VBA 代码模块（部分内容）

转换完成后，合并后的 Excel 文件如图 8-12 所示。

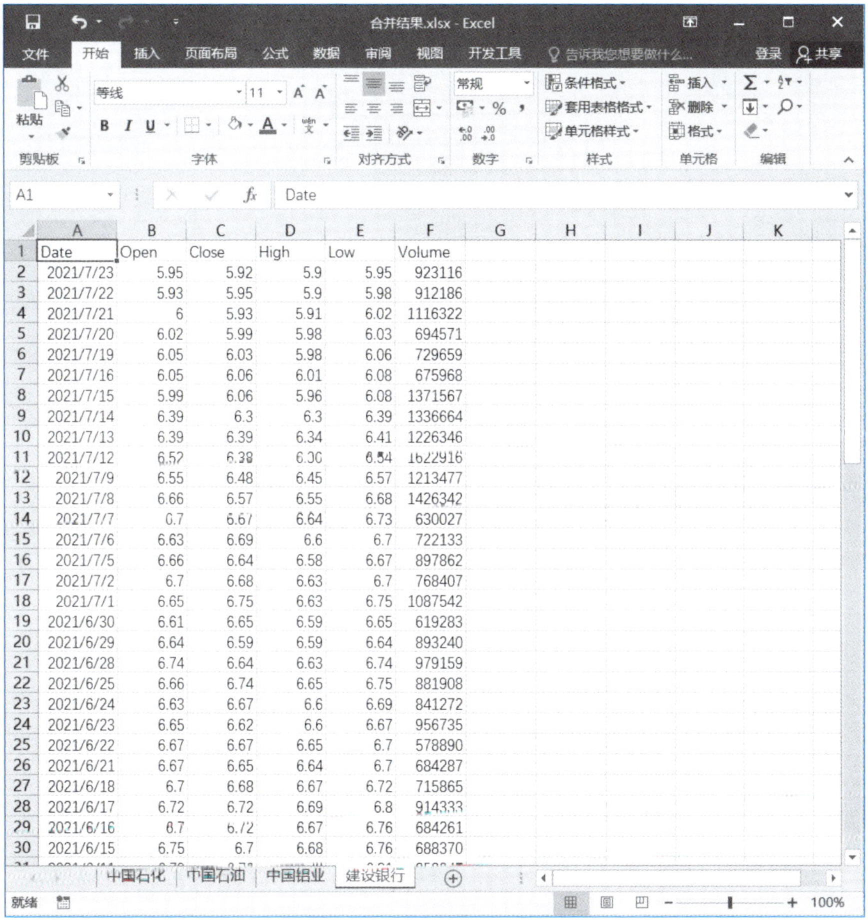

	Date	Open	Close	High	Low	Volume
2	2021/7/23	5.95	5.92	5.9	5.95	923116
3	2021/7/22	5.93	5.95	5.9	5.98	912186
4	2021/7/21	6	5.93	5.91	6.02	1116322
5	2021/7/20	6.02	5.99	5.98	6.03	694571
6	2021/7/19	6.05	6.03	5.98	6.06	729659
7	2021/7/16	6.05	6.06	6.01	6.08	675968
8	2021/7/15	5.99	6.06	5.96	6.08	1371567
9	2021/7/14	6.39	6.3	6.3	6.39	1336664
10	2021/7/13	6.39	6.39	6.34	6.41	1226346
11	2021/7/12	6.52	6.38	6.30	6.54	1622916
12	2021/7/9	6.55	6.48	6.45	6.57	1213477
13	2021/7/8	6.66	6.57	6.55	6.68	1426342
14	2021/7/7	6.7	6.67	6.64	6.73	630027
15	2021/7/6	6.63	6.69	6.6	6.7	722133
16	2021/7/5	6.66	6.64	6.58	6.67	897862
17	2021/7/2	6.7	6.68	6.63	6.7	768407
18	2021/7/1	6.65	6.75	6.63	6.75	1087542
19	2021/6/30	6.61	6.65	6.59	6.65	619283
20	2021/6/29	6.64	6.59	6.59	6.64	893240
21	2021/6/28	6.74	6.64	6.63	6.74	979159
22	2021/6/25	6.66	6.74	6.65	6.75	881908
23	2021/6/24	6.63	6.67	6.6	6.69	841272
24	2021/6/23	6.65	6.62	6.6	6.67	956735
25	2021/6/22	6.67	6.67	6.65	6.7	578890
26	2021/6/21	6.67	6.65	6.64	6.7	684287
27	2021/6/18	6.7	6.68	6.67	6.72	715865
28	2021/6/17	6.72	6.72	6.69	6.8	914333
29	2021/6/16	6.7	6.72	6.67	6.76	684261
30	2021/6/15	6.75	6.7	6.68	6.76	688370

图 8-12　合并后的 Excel 文件

8.2.4　案例 26：将一个 Excel 文件拆分为多个 Excel 文件

有时我们需要将一个 Excel 文件拆分为多个单独的文件，这通常发生在数据量庞大，或者需要将每个工作表或区域作为单独的文件分发或处理时。本节介绍使用 DeepSeek 生成 VBA 代码将一个 Excel 文件拆分为多个文件。

案例背景

假设我们有一个名为“股票数据集”的 Excel 文件，如图 8-13 所示。该文件中每只股票的数据分别存于不同的工作表。我们当前的任务是编写 VBA 代码，将这个 Excel 文件中的每个工作表拆分出来，保存为单独的文件，并且使这些新文件的文件名与对应的工作表表名一致。

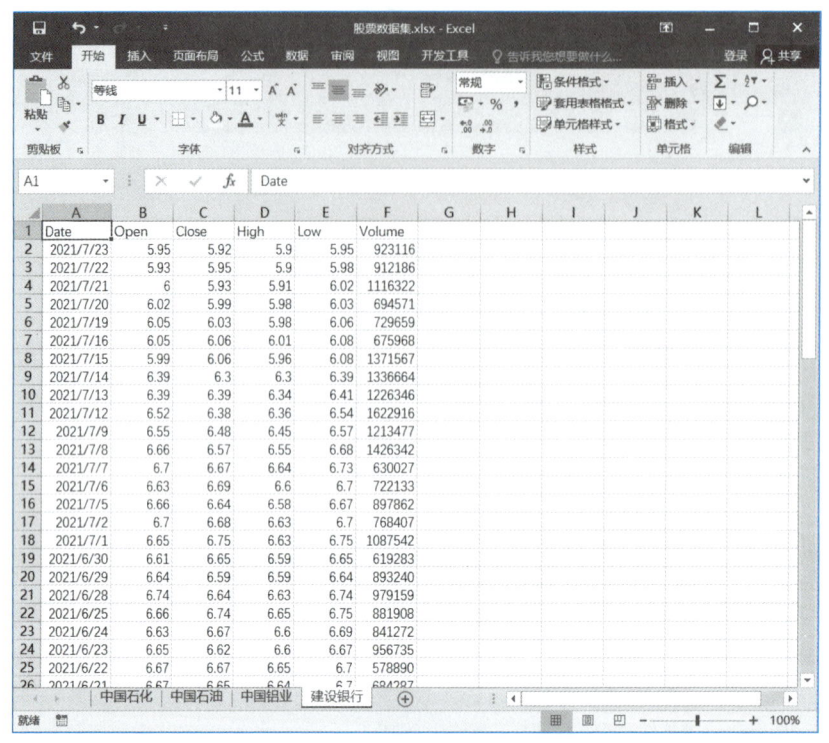

图 8-13 "股票数据集" Excel 文件

提示词如下：

请编写一段 VBA 代码，实现以下功能：

将一个 Excel 文件中的每个工作表拆分为一个文件，文件名为工作表名。

DeepSeek 输出如下：

```
Sub SplitWorksheetsToFiles()
    Dim wb As Workbook
    Dim ws As Worksheet
    Dim newWb As Workbook
    Dim savePath As String
    Dim currentPath As String
    
    ' 获取当前工作簿
    Set wb = ThisWorkbook
    
    ' 获取当前工作簿所在路径
    currentPath = wb.Path
```

```vba
        If currentPath <> "" Then
            currentPath = currentPath & "\"
        End If
        
        ' 遍历当前工作簿中的每个工作表
        For Each ws In wb.Sheets
            ' 复制当前工作表到新工作簿
            ws.Copy
            Set newWb = ActiveWorkbook
            
            ' 生成保存路径和文件名
            savePath = currentPath & ws.Name & ".xlsx"
            
            ' 保存新工作簿
            newWb.SaveAs Filename:=savePath
            ' 关闭新工作簿
            newWb.Close SaveChanges:=False
        Next ws
        
        MsgBox "工作表拆分完成，文件已保存到 " & currentPath
End Sub
```

打开"股票数据集"Excel 文件，将上述 VBA 代码复制到 VBA 代码模块中，如图 8-14 所示，然后按 F5 键执行。具体过程不再赘述。

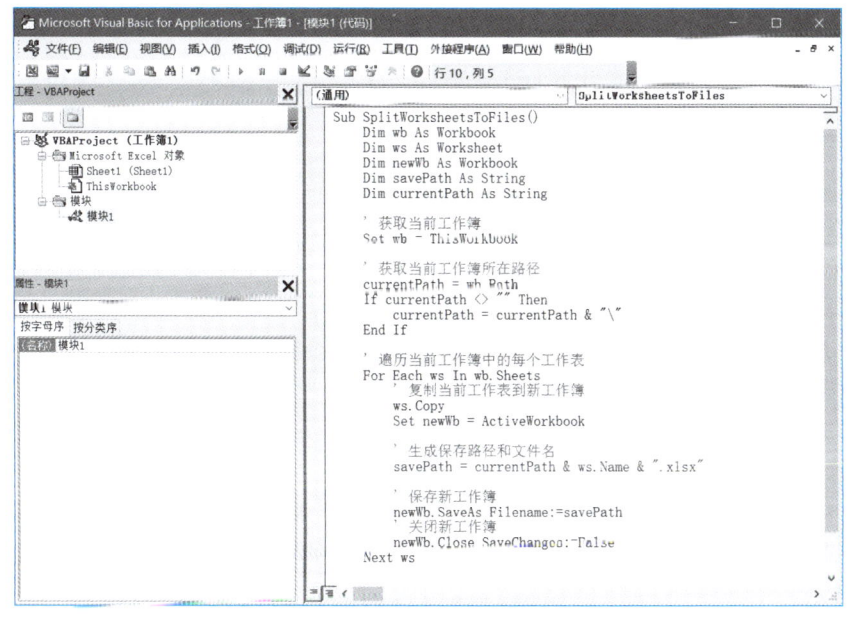

图 8-14　拆分 Excel 文件的 VBA 代码模块（部分内容）

执行成功后，在"股票数据集"Excel 文件所在的目录下会出现多个拆分后的 Excel 文件，如图 8-15 所示。

图 8-15　拆分后的 Excel 文件

8.3　数据分析

在我们的工作中，数据分析与处理是常见而又烦琐的工作。DeepSeek 可以很好地提供帮助，提高工作效率和准确性。

8.3.1　使用 DeepSeek 辅助数据清洗

数据来源渠道众多，我们往往需要进行数据清洗。数据清洗是提高数据质量的过程，它的主要目的有：

（1）提高数据准确性：通过查找和修复错误值、异常值和不一致数据，减少噪声数据和错误数据，提高数据集的准确性和可信度。

（2）补充缺失值：通过设定规则对数据集中的缺失值进行填补，补充更多完整的数据，为后续的分析提供更为全面的数据基础。

（3）统一格式：对数据集中的列名称、数据类型、单位等进行统一规范处理，使其符合分析要求的格式，提高分析效率。

（4）去除重复项：查找和删除数据集中重复的记录项，保留唯一的数据，简化数据集的规模，便于后续管理与分析。

（5）删除冗余信息：识别数据集中本不需要的列或字段并删除，使数据集更加紧凑。

（6）处理数据偏差：调整与修复采集数据过程中产生的数据偏差，更加准确地反映目标事物的实际状况。

DeepSeek 可以很好地辅助用户完成数据清洗的各项任务。与人工数据清洗相比，它不仅可以提高工作效率，还可以在清洗结果的一致性与准确性方面提供较好的质量保证。

8.3.2　案例 27：使用 DeepSeek 对电商平台订单进行数据清洗

下面通过一个具体案例介绍一下如何使用 DeepSeek 辅助数据清洗。

案例背景

电商平台通常会收集大量的订单数据，这些数据在分析之前往往需要清洗，以确保其质量。通过数据清洗去除重复记录、填补缺失数据、转换格式，可确保分析结果的准确性和可用性。

案例数据如图 8-16 所示。

订单编号	客户姓名	订单日期	商品名称	商品数量	商品单价（元）	订单金额（元）	收货地址	联系方式
ORD001	张三	2023/08/15	苹果手机 (128G)	1	5999	￥5999	广东省深圳市	138
ORD002	李四	2023-08-16	小米手环 7	2	299	598,	上海市	136xxxxxxxx
ORD003	王五	08/17/2023	华为笔记本电脑 MateBook 14s	1	7999	7999.000	北京市海淀区	158xxxxxxxx
ORD001	张三	2023/08/15	苹果手机 (128G)	1	5999	￥5999	广东省深圳市	138
ORD004	赵六	2023.08.18	戴尔鼠标 (无线)	1	99	$99	江苏省南京市玄武区	188xxxxxxxx
ORD005	孙七	2023 年 8 月 19 日	无线路由器 TP-Link	1	199	199.	浙江省杭州市	139xxxxxxxx

图 8-16　订单数据

该数据存在以下几个问题：

（1）订单编号重复：ORD001 出现了两次。这是重复的订单编号，可能会导致数据混乱或统计错误。

（2）订单金额格式不一致：不同订单的订单金额使用了不同的货币单位和格式。例如，ORD001 和 ORD004 的订单金额分别是"￥5999"和"$99"，这两种货币单位不同，且使用了不同的单位符号（人民币符号和美元符号），可能会在数据处理时出现误差。

（3）联系方式部分不一致：部分联系方式数据被部分数字代替（如"138"），这可能会影响后续联系和处理。

（4）日期格式不一致：ORD003 和 ORD005 的日期格式不同，分别是"08/17/2023"和

"2023年8月19日",前者是标准日期格式,后者包含了中文字符,可能导致日期解析出错。

(5)商品单价和订单金额的计算不一致:某些订单的订单金额存在格式问题,例如ORD002的订单金额写作"598,",可能是格式错误或者千位分隔符使用不当;ORD003的订单金额是"7999.000",其中有多余的"0"。

(6)收货地址不完整:部分订单中的收货地址不完整,或是没有提供详细的街道和门牌号。例如,ORD001和ORD005的收货地址为省市级别信息,缺少更详细的地址信息,这会影响后续配送或联系。

(7)商品名称的格式不一致:商品名称有时包含过多的括号和附加信息,如"苹果手机(128G)"和"华为笔记本电脑 MateBook 14s"。虽然这些信息是商品的一部分,但如果格式不一致,可能会影响分析和处理。

通过 DeepSeek 辅助清洗这些数据,过程如下。

提示词如下:
有如下数据,请帮我修复和清洗,返回 Markdown 表格。
|订单编号|客户姓名|订单日期 |商品名称 |
商品数量	商品单价(元)	订单金额(元)	收货地址	联系方式
ORD001	张三	2023/08/15	苹果手机(128G)
1	5999	¥5999	广东省深圳市	138
ORD002	李四	2023-08-16	小米手环7
2	299	598,	上海市	136×××××××
ORD003	王五	08/17/2023	华为笔记本电脑 MateBook 14s
1	7999	7999.000	北京市海淀区	158×××××××
ORD001	张三	2023/08/15	苹果手机(128G)
1	5999	¥5999	广东省深圳市	138
ORD004	赵六	2023.08.18	戴尔鼠标(无线)
1	99	$99	江苏省南京市玄武区	188×××××××
ORD005	孙七	2023年8月19日	无线路由器 TP-Link
1	199	199.	浙江省杭州市	139×××××××

DeepSeek 输出如下:
|订单编号|客户姓名|订单日期 |商品名称 |
商品数量	商品单价(元)	订单金额(元)	收货地址	联系方式

```
| ------------ | -------------------- | -------------------- | ---------------------------- | ------------------- |
| ORD001       | 张三                 | 2023-08-15           | 苹果手机（128G）             |                     |
| 1            | 5999                 | 5999                 | 广东省深圳市                 | 138××××××××         |
| ORD002       | 李四                 | 2023-08-16           | 小米手环 7                   |                     |
| 2            | 299                  | 598                  | 上海市                       | 136××××××××         |
| ORD003       | 王五                 | 2023-08-17           | 华为笔记本电脑 MateBook 14s  |                     |
| 1            | 7999                 | 7999                 | 北京市海淀区                 | 158××××××××         |
| ORD004       | 赵六                 | 2023-08-18           | 戴尔鼠标（无线）             |                     |
| 1            | 99                   | 99                   | 江苏省南京市玄武区           | 188××××××××         |
| ORD005       | 孙七                 | 2023-08-19           | 无线路由器 TP-Link           |                     |
| 1            | 199                  | 199                  | 浙江省杭州市                 | 139××××××××         |
```

将清洗后的数据 Markdown 代码保存，然后使用 Markdown 工具预览，结果如图 8-17 所示。由此可见 DeepSeek 在辅助数据清洗方面发挥的作用。

订单编号	客户姓名	订单日期	商品名称	商品数量	商品单价（元）	订单金额（元）	收货地址	联系方式
ORD001	张三	2023-08-15	苹果手机（128G）	1	5999	5999	广东省深圳市	138xxxxxxxx
ORD002	李四	2023-08-16	小米手环 7	2	299	598	上海市	136xxxxxxxx
ORD003	王五	2023-08-17	华为笔记本电脑 MateBook 14s	1	7999	7999	北京市海淀区	158xxxxxxxx
ORD004	赵六	2023-08-18	戴尔鼠标（无线）	1	99	99	江苏省南京市玄武区	188xxxxxxxx
ORD005	孙七	2023-08-19	无线路由器 TP-Link	1	199	199	浙江省杭州市	139xxxxxxxx

图 8-17　订单数据（清洗后）

8.3.3　案例 28：使用 DeepSeek 从往来邮件中提取联系人信息

在本案例中，我们将展示如何使用 DeepSeek 工具从往来邮件中提取联系人信息，并进行数据清洗。通过这种方式，我们能够高效地整理大量邮件中的关键信息，比如发件人、收件人、发送时间、联系方式等。

案例背景

假设我们有一批往来邮件记录，目的是从这些邮件中提取以下关键信息：

- 发件人
- 收件人
- 邮件发送时间

- 联系电话（如果邮件中有）

邮件记录：

邮件 1：

发件人：alice@example.com

收件人：bob@example.com

发送时间：2023/08/12 09:30

内容：请确认项目进展，电话：+86 138 1234 5678

邮件 2：

发件人：charlie@example.com

收件人：alice@example.com

发送时间：2023/08/12 10:00

内容：会议将在下午 3 点开始，请提前准备，联系电话：139 2345 6789

邮件 3：

发件人：bob@example.com

收件人：alice@example.com, charlie@example.com

发送时间：2023/08/12 11:00

内容：合作细节可以通过电话讨论，联系方式：137 3456 7890

步骤说明：

（1）使用 DeepSeek 提取邮件信息：解析邮件内容，并自动提取出发件人、收件人、发送时间和联系人信息（如电话号码）。

> 提示词如下：
>
> 从如下文本中提取联系人信息，返回 Markdown 表格。
>
> 邮件 1：
>
> 发件人：alice@example.com
>
> 收件人：bob@example.com
>
> 发送时间：2023/08/12 09:30
>
> 内容：请确认项目进展，电话：+86 138 1234 5678
>
> 邮件 2：
>
> 发件人：charlie@example.com
>
> 收件人：alice@example.com
>
> 发送时间：2023/08/12 10:00
>
> 内容：会议将在下午 3 点开始，请提前准备，联系电话：139 2345 6789

邮件 3：
发件人：bob@example.com
收件人：alice@example.com, charlie@example.com
发送时间：2023/08/12 11:00
内容：合作细节可以通过电话讨论，联系方式：137 3456 7890

DeepSeek 输出如下：

发件人	收件人	联系电话
alice@example.com	bob@example.com	+86 138 1234 5678
charlie@example.com	alice@example.com	139 2345 6789
bob@example.com	alice@example.com, charlie@example.com	137 3456 7890

将上述 Markdown 代码复制并保存为"联系人信息.md"文件，使用 Markdown 工具预览结果，如图 8-18 所示。

发件人	收件人	联系电话
alice@example.com	bob@example.com	+86 138 1234 5678
charlie@example.com	alice@example.com	139 2345 6789
bob@example.com	alice@example.com, charlie@example.com	137 3456 7890

图 8-18 "联系人信息"Markdown 表格

（2）清洗数据：
① 对日期格式进行标准化。
② 将电话号码统一格式化，例如统一为 "+86 138 1234 5678"。
③ 删除无效记录，例如没有有效电话号码的邮件。

提示词如下：
有如下数据，请帮我修复和清洗，返回 CSV 表格。

发件人	收件人	联系电话
alice@example.com	bob@example.com	+86 138 1234 5678
charlie@example.com	alice@example.com	139 2345 6789
bob@example.com	alice@example.com, charlie@example.com	137 3456 7890

139

DeepSeek 输出如下：

发件人,收件人,联系电话

alice@example.com,bob@example.com,+86 138 1234 5678

charlie@example.com,alice@example.com,+86 139 2345 6789

bob@example.com,alice@example.com;charlie@example.com,+86 137 3456 7890

将上述 CSV 代码复制并保存为"联系人信息 .csv"文件，使用 Excel 工具打开，结果如图 8-19 所示。

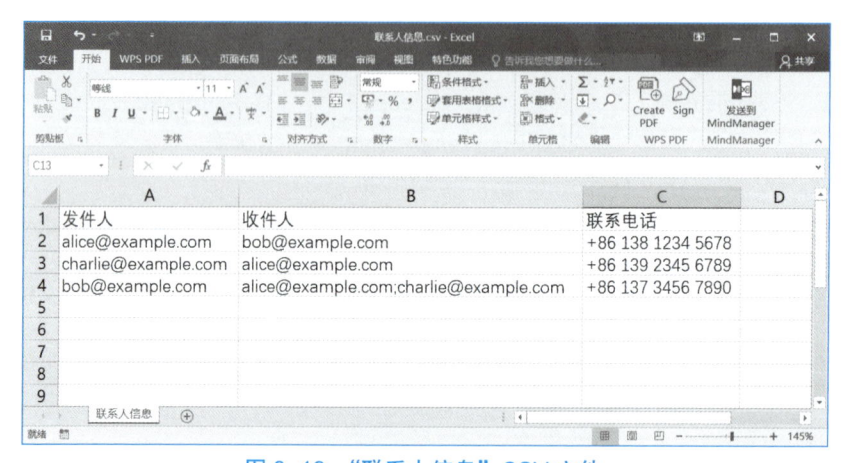

图 8-19 "联系人信息" CSV 文件

如果不喜欢 CSV 表格，我们还可以将其转换为 Excel 表格，具体过程不再赘述。

8.4 可视化报表

在办公自动化中，制作数据可视化报表非常重要。数据可视化大大提高了数据共享和业务汇报的效率，在实现办公自动化、提高工作效率与决策科学性方面发挥着重要作用。

8.4.1 使用 DeepSeek 辅助制作数据可视化报表

使用 DeepSeek 辅助制作数据可视化报表方法如下：
（1）零编程方式：通过 DeepSeek 生成 Excel 报表数据，然后利用 Excel 生成图表。
（2）编程方式：通常使用 VBA 或 Python 等语言的可视化库实现。

8.4.2 案例 29：使用 DeepSeek+VBA 生成 2023 年财务数据图表

下面通过一个案例介绍一下如何使用 DeepSeek+VBA 生成图表。图 8-20 所示的是存储在 Excel 中的 2023 年财务数据。

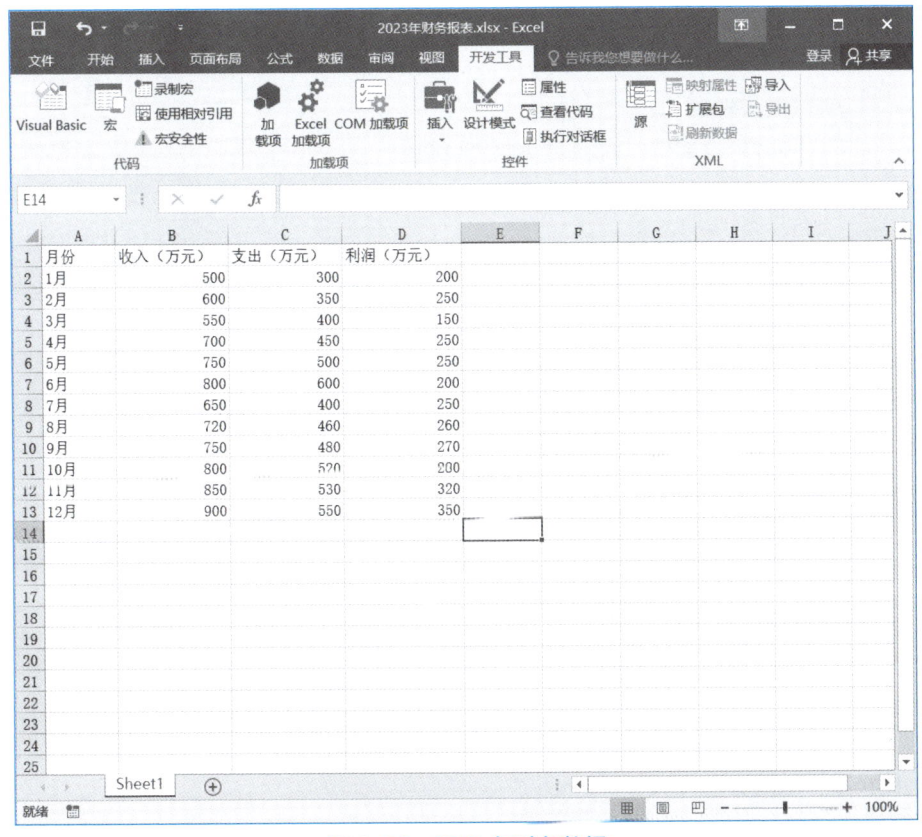

图 8-20 2023 年财务数据

如果想通过 VBA 代码将 Excel 中的数据绘制成柱状图，实现过程如下。

提示词如下：

帮我写一段 Excel VBA 代码，根据 Sheet1 中的 2023 年财务数据（包含月份、收入、支出列）生成一个展示收入和支出对比的柱状图，数据范围为 A1:C13 单元格。

DeepSeek 输出如下：

```
Sub CreateIncomeExpenseChart()
    Dim ws As Worksheet
    Dim chartObj As ChartObject
    Dim dataRange As Range
```

```vba
    '获取当前工作表
    Set ws = ThisWorkbook.Sheets("Sheet1")
    
    '设置数据范围
    Set dataRange = ws.Range("A1:C13")
    
    '创建图表
    Set chartObj = ws.ChartObjects.Add(Left:=100, Top:=50, Width:=375, Height:=225)
    
    With chartObj.Chart
        .SetSourceData Source:=dataRange
        .ChartType = xlColumnClustered
        .HasTitle = True
        .ChartTitle.Text = "2023年每月收入与支出对比"
    End With
    
    MsgBox "图表生成完成！", vbInformation
End Sub
```

将以上代码复制到 VBA 编辑器中，如图 8-21 所示。按 F5 键运行，即可在工作表中绘制出柱状图，如图 8-22 所示。

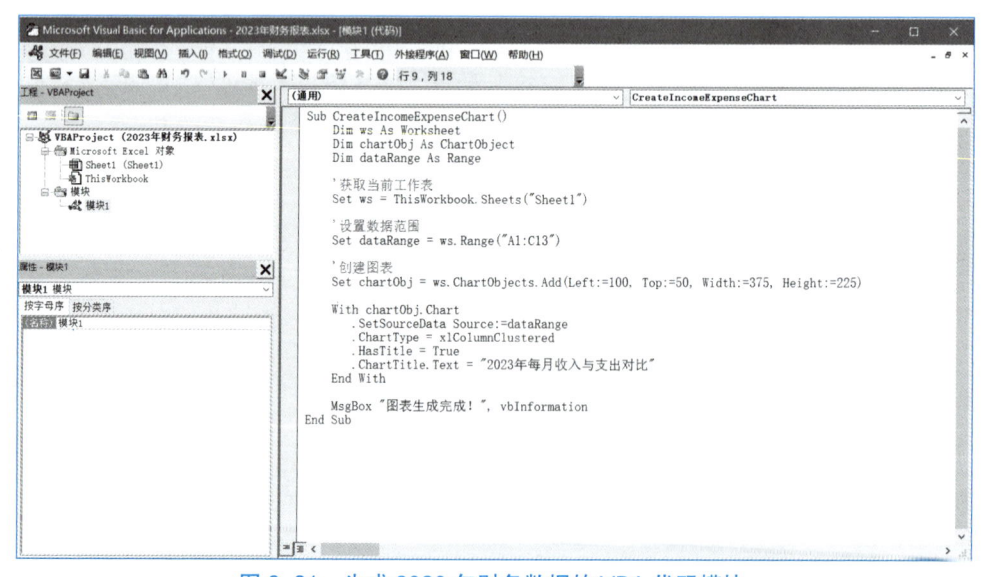

图 8-21　生成 2023 年财务数据的 VBA 代码模块

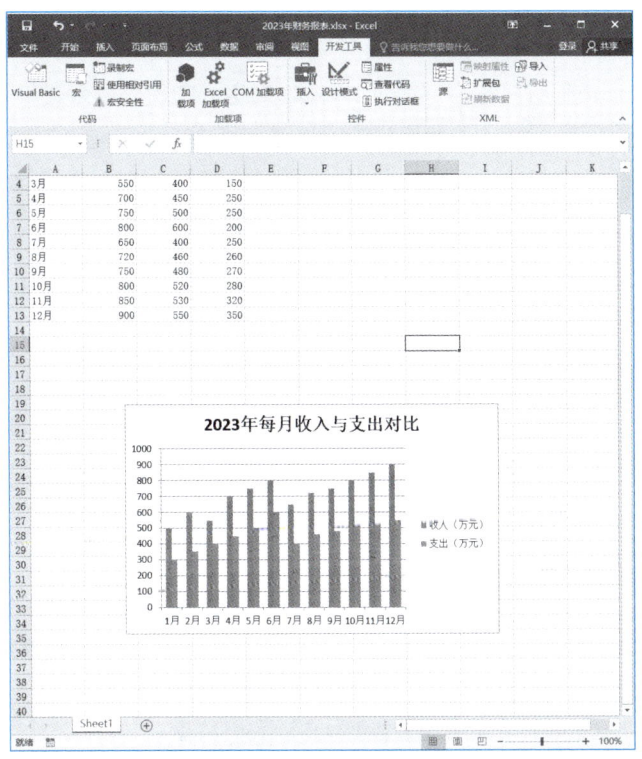

图 8-22　生成的柱状图

　　VBA 代码执行成功后，会在 Excel 工作表中生成柱状图。将柱状图复制到画图工具等图片编辑工具中，就可以保存图片了，如图 8-23 所示。

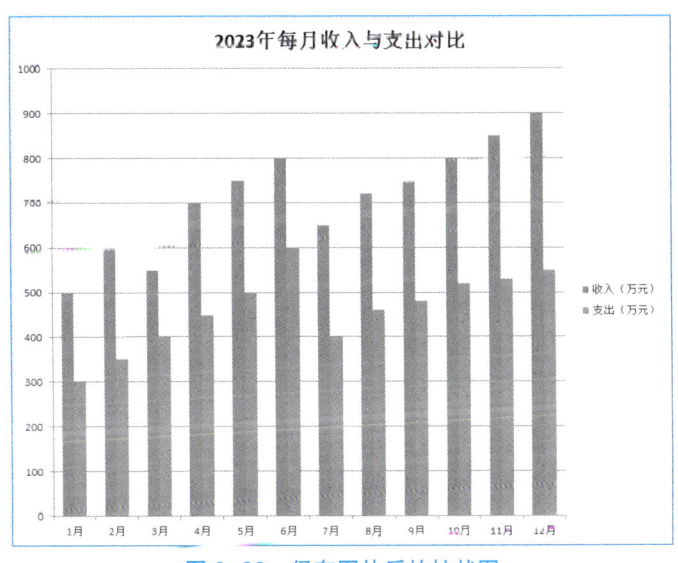

图 8-23　保存图片后的柱状图

8.4.3　案例 30：使用 DeepSeek 零代码生成图表

并不是每个人都擅长编写程序，而且 DeepSeek 生成的代码或多或少有一定的问题。下面通过一个案例给大家介绍一下如何通过零编程方式使用 DeepSeek 生成图表。

案例背景

某大型电商公司希望分析全年各产品类别的销售额变化，以便优化市场策略和制订促销方案。公司管理层希望通过数据可视化的方式，直观了解不同产品类别的销售趋势，并为未来的营销决策提供数据支持。

数据来源于该公司 2023 年 1~12 月的销售记录，涵盖五大主要产品类别：电子产品、服装类、家居用品、食品饮料、美容化妆。具体数据如下。

电子产品：1 月 5000 件，12 月 15000 件，增长 200%

服装类：1 月 7000 件，12 月 14000 件，增长 100%

家居用品：1 月 3000 件，12 月 6000 件，增长 100%

食品饮料：1 月 4000 件，12 月 9000 件，增长 125%

美容化妆：1 月 2000 件，12 月 4500 件，增长 125%

管理层希望使用 DeepSeek 辅助制作图表，以直观展示各类产品的销售趋势，并快速识别销售高峰与低谷。

步骤 1：使用 DeepSeek 分析数据，返回 CSV 表格数据。

提示词如下：

根据以下电商平台不同产品类别的销售数据，返回 CSV 表格。

电子产品：1 月 5000 件，12 月 15000 件，增长 200%

服装类：1 月 7000 件，12 月 14000 件，增长 100%

家居用品：1 月 3000 件，12 月 6000 件，增长 100%

食品饮料：1 月 4000 件，12 月 9000 件，增长 125%

美容化妆：1 月 2000 件，12 月 4500 件，增长 125%

DeepSeek 输出如下：

产品类别,1月销售量（件）,12月销售量（件）,增长百分比

电子产品,5000,15000,200%

服装类,7000,14000,100%

家居用品,3000,6000,100%

食品饮料,4000,9000,125%

美容化妆,2000,4500,125%

将上述 CSV 代码保存为"销售数据.csv",如图 8-24 所示。

图 8-24　销售数据 CSV 表格

步骤 2:将 CSV 数据转换为 Excel 表格,如图 8-25 所示。

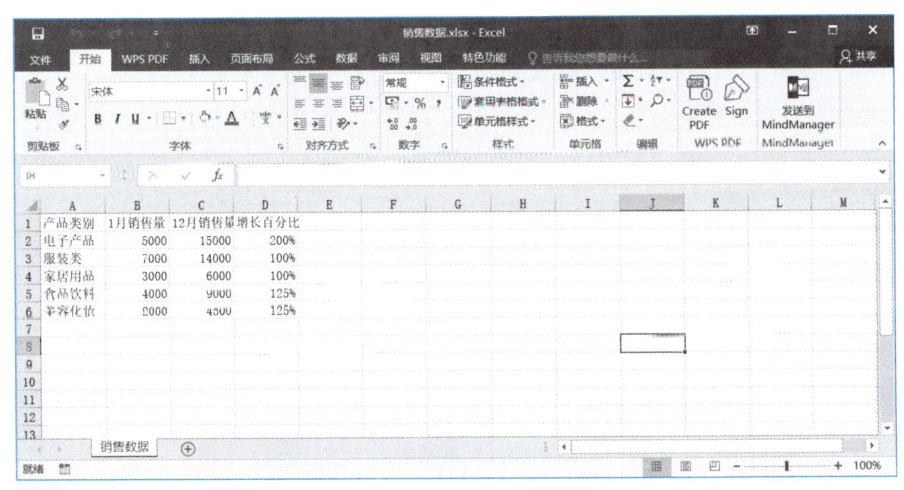

图 8 25　销售数据 Excel 表格

步骤 3:使用 Excel 图表功能制作图表。
(1)打开 Excel,输入数据并构建数据表,例如上述 CSV 表格。
(2)选中数据表,点击"插入"选项卡,选择"图表"。此处将显示各种图表类型以供选择,如图 8-26 所示。

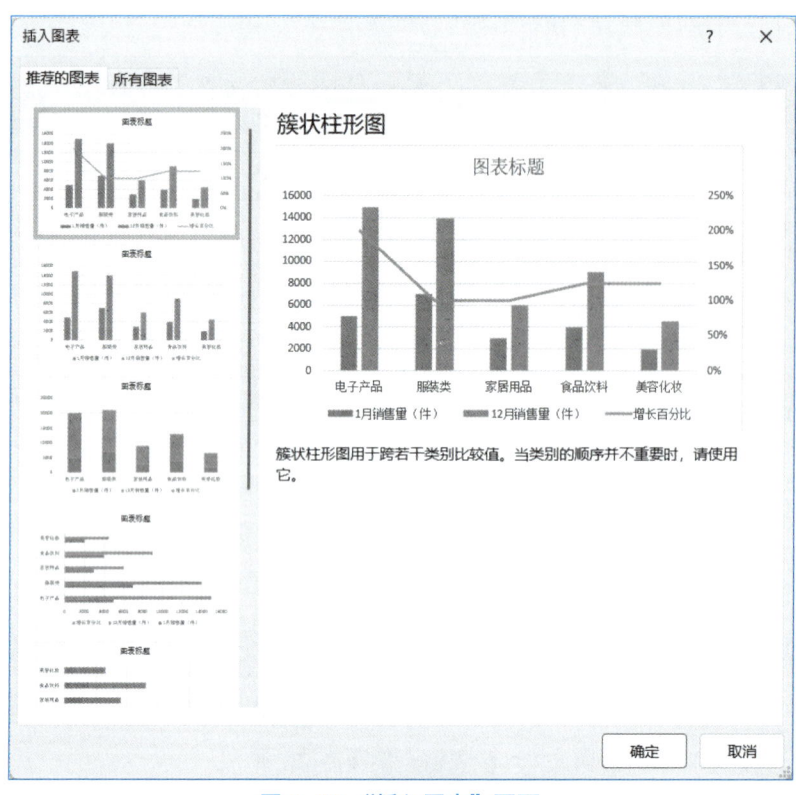

图 8-26 "插入图表"页面

选择某一类型，点击"确定"生成图表，如图 8-27 所示。

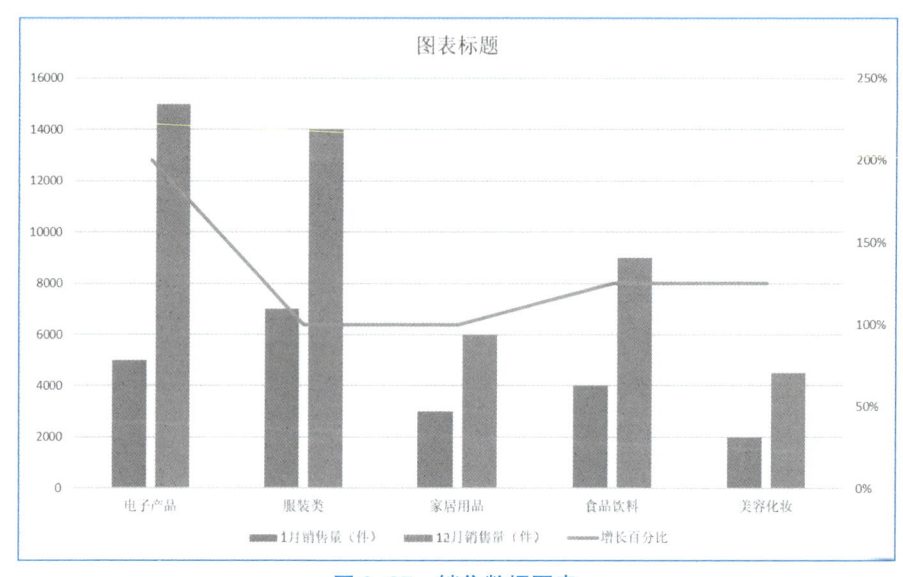

图 8-27 销售数据图表

8.5　本章总结

本章围绕 Excel 数据处理的进阶之道，详细介绍了如何借助 DeepSeek 提升 Excel 数据处理的效率与质量。在文档生成部分，我们讲述了如何利用 DeepSeek 生成 Excel 文档，并以财务报表为例进行了实操演示。在格式转换部分，我们通过多个案例展示了 DeepSeek+VBA 实现旧版文件升级、将 CSV 文件转换为 Excel 文件、文件合并与拆分的方法。在数据分析部分，我们学会了利用 DeepSeek 辅助数据清洗，如电商订单数据处理和邮件联系人信息提取。在可视化报表部分，我们学会了借助 DeepSeek 制作图表，实现零代码生成图表。掌握了这些技巧，我们在进行 Excel 数据处理时能够更加高效、智能。

扫码看视频

第 9 章

AI 图片生成技术，为办公增添视觉魅力

在现代办公场景中，视觉内容的创作越来越重要，尤其是在报告设计、广告创意、社交媒体内容创作等方面，精美的图片能够大大提升工作效果和观众的兴趣。随着 AI 技术的不断发展，AI 图片生成工具成为办公人员和创意工作者的重要助手。通过简单的文字描述，AI 工具能自动生成精美的图片，为工作增添创意和效率。豆包、通义万相、百度文心一言、DALL·E、Midjourney 等平台提供了强大的图片生成功能支持，推动了创作的便捷性和多样性。

9.1 图片生成技术的办公应用

AI 图片生成技术在办公中的应用场景非常广泛，尤其是在报告设计、社交媒体内容创作、营销推广宣传、数据可视化等领域。

9.1.1 商务报告中的数据可视化呈现

在商务报告中，图片生成技术对于数据的可视化呈现起着至关重要的作用。

1. 传统数据图表生成

利用 Excel 等办公软件自带的图表功能，将大量数据转化为直观的图表。例如，在销售业绩报告中，可以通过柱状图清晰地对比不同地区、不同时间段或者不同产品的销售额；通过折线图展示销售数据随时间的变化趋势，帮助决策者快速掌握数据的增长或下降情况；通过饼图呈现各类型数据在总体中所占的比例，如市场份额的分布等。

以某公司季度销售报告为例，将各产品线的销售额数据整理在 Excel 中，然后生成柱状图。不同颜色的柱子代表不同的产品线，柱子的高度直观反映销售额的多少。这样的图表能够让管理层在短时间内了解各产品线的销售表现，以便做出合理的决策。

有关在 Excel 中绘制图表，读者可以参考第 8.4 节。

2. 复杂数据模型的图形化展示

对于一些复杂的数据模型和关系，图片生成技术可以将其转化为易于理解的图形。比如在金融分析报告中，使用流程图来展示资金的流动方向和投资组合的结构；用思维导图来呈现市场趋势分析中的各种因素及其相互关系。

有关思维导图的绘制，读者可以参考第 3.2 节。

假设有一份关于投资项目的评估报告，通过绘制甘特图来展示项目的各个阶段和时间节点，同时用关联图来表示项目涉及的各个利益相关者及其之间的关系，这种图形化的展示方式使报告内容更加清晰明了，有助于团队成员之间的沟通和协作。

有关甘特图的绘制，读者可以参考第 5.2 节。

9.1.2 营销推广活动中的创意素材制作

营销推广活动离不开吸引人的创意素材，图片生成技术在这方面发挥着巨大的作用。

1. 宣传海报设计

借助专业的设计软件或在线设计平台，如 Adobe Photoshop、Canva 等，可以生成高质量的宣传海报。这些海报可以用于线下活动的宣传，如展会、促销活动等；也可以用于线上渠道，如社交媒体推广、电子邮件营销等。

例如，某电商平台在进行促销活动时，利用 Canva 平台的模板，结合活动主题和产品特点，设计出一系列色彩鲜艳、富有吸引力的宣传海报。海报突出展示了促销产品的图片、价格和优惠信息，吸引了大量用户的关注，有效提高了活动的参与度和产品的销售量。

2. 产品图片处理与展示

对于产品营销来说，精美的产品图片是吸引客户的关键。图片生成技术可以对产品图片进行处理和优化，如调整颜色、对比度和添加特效等，使产品看起来更加美观和吸引人。

例如，一家时尚服装品牌在其官方网站和电商平台上展示产品时，对服装图片进行了专业的处理。通过调整光线和色彩，突出服装的材质和细节；通过添加一些时尚的背景和配饰，营造出时尚的氛围。这些经过处理的产品图片大大提高了用户的购买意愿，促进了产品的销售。

9.2 使用 AI 图片生成工具开启创意图片生成之路

随着 AI 技术的飞速发展，AI 图片生成工具在各行各业中得到了广泛应用，尤其是在图形设计、广告创意、社交媒体内容创作等领域。AI 图片生成工具不仅可以高效生成高质量的图片，还能帮助用户快速实现创意设计，提升工作效率。

在这一部分，我们将重点介绍几种先进的 AI 图片生成工具，展示它们如何帮助企业和个人开启创意图片生成的新时代。

9.2.1 使用豆包生成图片

豆包是一款国内领先的创意图片生成工具，结合了AI与设计思维，用户可以通过输入文字提示（如关键词、主题、颜色风格等），自动生成独特的创意图像。豆包尤其适合广告、海报、社交媒体等视觉内容的设计，操作简单直观，适用于没有设计经验的用户。

1. 功能特点

（1）文字转图像：用户可以输入简短的文字描述，AI自动将其转换为高质量的创意图像。
（2）风格匹配：根据用户提供的设计风格和主题，AI自动生成符合要求的视觉效果。
（3）海量模板：提供多种设计模板，用户可以快速套用模板，进行二次创作。

2. 应用场景

（1）广告设计：为品牌广告、活动推广等设计具有创意的海报和宣传图。
（2）社交媒体内容：快速生成引人注目的封面图、帖子配图等。
（3）品牌视觉：帮助品牌快速定制符合其风格的品牌视觉图。

在电脑端打开豆包首页，如图9-1所示。使用豆包前需要先注册或登录。如果你有抖音账号，可以选择通过抖音授权登录，具体操作过程略。登录成功可见图9-2所示的操作界面。

图9-1 豆包首页

使用它的图像生成功能，单击"图像生成"按钮，进入图9-3所示的豆包图片生成操作界面。

第 9 章 AI 图片生成技术，为办公增添视觉魅力

图 9-2 豆包操作界面

图 9-3 豆包图像生成操作界面

151

9.2.2 案例 31：使用豆包生成促销活动海报

在现代商业环境中，促销活动海报是吸引客户、提升销量的关键工具之一。海报的设计需要兼具创意和视觉冲击力，以便在众多广告中脱颖而出。利用 AI 图片生成工具，我们可以快速设计出符合品牌风格且具有视觉吸引力的海报。

案例背景

一家电子产品零售商计划在双十一期间进行促销活动。为了提高活动的曝光率，吸引顾客的注意力，他们需要制作一张促销活动海报。海报的要求如下：

- 主题：双十一大促销
- 色调：红色和金色为主，符合节日氛围
- 内容：强调大幅折扣（如"全场 5 折"）以及特定商品（如智能手机、耳机）
- 风格：现代、简洁，突出促销信息，吸引用户眼球

提示词如下：

帮我生成图片：双十一大促销，5 折起，智能手机、耳机热卖，红色和金色色调，现代简洁风格，突出促销信息和商品展示，节日氛围浓厚，明亮清晰，突出折扣和产品亮点。

豆包回答如图 9-4 所示：

图 9-4 豆包生成双十一大促销图片界面

从中挑选一张满意的图片，如图 9-5 所示。

图 9-5 满意的双十一大促销图片

从图 9-5 中可见中文显示有些问题,因为豆包目前的版本生成图片时中文会出现乱码。生成图片的关键是提示词。为了方便使用,豆包提供了一些模板,如图 9-6 所示。

图 9-6 豆包的模板功能

选择模板后,豆包会生成绘图提示词,我们再根据需要进行调整。笔者选择了一个麦卡伦酒模板,得到如下提示词。

帮我生成图片：一瓶麦卡伦放在木托盘上，旁边是一个装满酒的玻璃杯，桌上有一颗青梅，白梅花，阳光，树林，美食摄影，淡雅的色调，比例4：3。

笔者修改描述并将图片比例修改为16：9，修改后的提示词如下。

帮我生成图片：一瓶麦卡伦放在木托盘上，旁边是一个装满酒的玻璃杯，桌上有一颗青梅，白梅花，阳光，树林，美食摄影，淡雅的色调，比例为16：9。

执行提示词后，图片生成结果如图9-7所示。

图9-7 豆包生成的麦卡伦酒图片

9.2.3 案例32：使用DeepSeek+豆包生成一张未来科幻风格的城市景观图

无论是哪款AI工具，生成图片的关键在于提示词。我们可以借助DeepSeek的推理能力，智能生成精准的提示词，再将这些提示词输入豆包，轻松执行并生成高质量的图片。通过这种结合，我们不仅可以获得更符合需求的图片，还能提高生成效率，确保创意与执行的完美对接。

在本节中，我们将展示如何利用DeepSeek的推理能力与豆包的图像生成工具生成一张符合"未来科幻风格的城市景观"主题的图片。通过以下步骤，我们将了解如何从构思创意到将其实现，利用AI技术生成符合预期的视觉图片。

步骤1：使用DeepSeek生成精准的提示词。

通过DeepSeek分析需求。DeepSeek将根据关键词"未来科幻风格的城市景观"推理出一系列详细的提示词，帮助用户精确描述图片内容。这些提示词包括风格、元素、氛围等方面的细节，以确保生成的图片与用户的构思高度契合。

> 提示词如下：
> 我想生成一张未来科幻风格的城市景观图，应该如何操作？
> DeepSeek输出如下：
> 生成一张未来科幻风格的城市景观图，包含高楼大厦、霓虹灯、飞行汽车，夜晚场景，科技感十足。

步骤2：将提示词输入豆包生成图片。

将上述提示词输入豆包的图像生成模块中。豆包将根据这些提示词，智能地执行图片生成过程，呈现出一幅符合要求的未来科幻风格的城市景观图，如图9-8所示。

图9-8 未来科幻风格的城市景观图

通过DeepSeek和豆包的结合，我们可以精准地将自己的创意转化为可视化的图片。DeepSeek的推理能力为我们提供了精确的提示词，而豆包则通过这些提示词生成符合期望的高质量图片。这个流程展示了AI在创意设计中的巨大潜力，帮助我们轻松生成富有创意的高质量图片。

9.2.4　使用通义万相生成图片

通义万相是阿里云推出的AI创意作画平台，支持多种图片生成任务，包括文生图、图生图、涂鸦作画、虚拟模特和个人写真等。其主要功能特点如下：

（1）多模态内容生成：支持文生图、图片风格迁移、相似图片生成等多种功能，满足用户在不同场景下的创作需求。

（2）丰富的艺术风格支持：提供水彩、油画、中国画等多种艺术风格，用户可以根据需求选择合适的风格进行创作。

（3）高质量图片生成：基于阿里云强大的计算资源，能够快速生成高分辨率、细节丰富的图片，满足商业级应用的需求。

（4）风格迁移功能：用户可以将指定的艺术风格应用于原始图片，生成具有新艺术风格的图片，保留原始图片的特征和细节。

（5）视频生成能力：2.1 版本引入了视频生成功能，支持生成 1080P 长视频，具备复杂动作展现、物理规律还原等功能，满足影视创作、动画设计等领域的需求。

（6）音画同步：在视频生成方面，能够为生成的视频添加与画面匹配的音效和背景音乐，提升视听一体的沉浸感。

（7）用户友好界面：提供直观易用的操作界面，用户无须专业技能即可轻松上手，快速实现创意构思。

我们在电脑端打开通义万相首页，如图 9-9 所示。使用通义万相前需要登录，最简单的方式是通过手机验证码登录，具体操作过程略。登录成功后，单击"文字作画"→"去生成"，进入图 9-10 所示的文字作画操作界面。

图 9-9 通义万相首页

例如，我们让通义万相执行在第 9.2.2 节豆包模板中生成并修改后的麦卡伦酒图片提示词（帮我生成图片：一瓶麦卡伦放在木托盘上，旁边是一个装满酒的玻璃杯，桌上有一颗青梅，白梅花，阳光，树林，美食摄影，淡雅的色调，比例为 16:9），如图 9-11 所示。

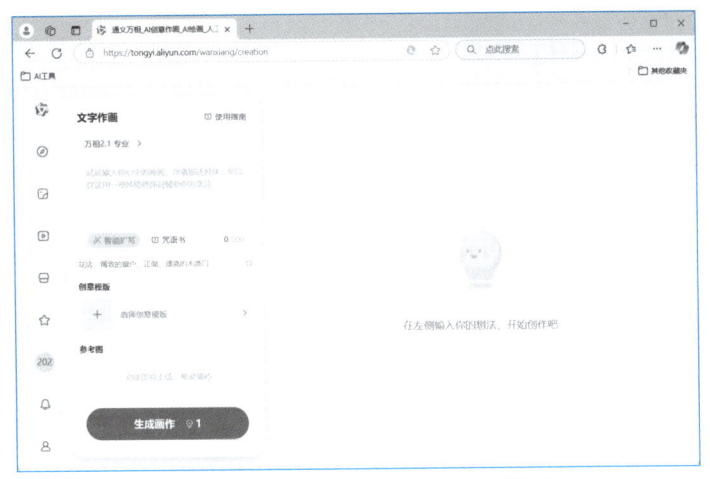

第 9 章 AI 图片生成技术，为办公增添视觉魅力

图 9-10 通义万相文字作画操作界面

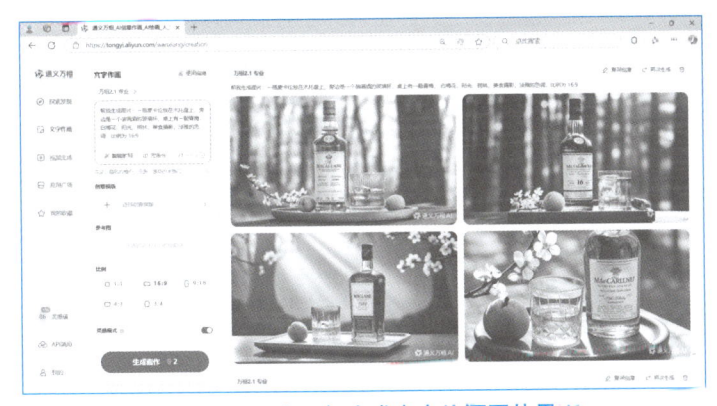

图 9-11 通义万相生成麦卡伦酒图片界面

笔者选择其中一个，如图 9-12 所示，图 9-13 是豆包生成的图片，两者效果不分伯仲。

图 9-12 通义万相生成的麦卡伦酒图片

157

图9-13 豆包生成的麦卡伦酒图片

9.2.5 案例33：使用通义万相生成促销活动海报

在第9.2.2节中，我们使用豆包生成了促销活动海报。如果图片中包括中文，那么豆包生成的图片中可能会出现乱码。下面我们来看看通义万相。

提示词如下：

帮我生成图片：双十一大促销，5折起，智能手机、耳机热卖，红色和金色色调，现代简洁风格，突出促销信息和商品展示，节日氛围浓厚，明亮清晰，突出折扣和产品亮点。

通义万相回答如图9-14所示：

图9-14 通义万相生成双十一大促销图片界面

从生成的结果可见，一些图片中仍然有中文乱码。在这些 AI 工具中进行多次生成，如图 9-15 所示，就没有乱码问题了。我们从中挑选一张满意的图片，如图 9-16 所示。

图 9-15　通义万相再次生成双十一大促销图片界面

图 9-16　满意的双十一大促销图片

9.2.6 案例 34：使用 DeepSeek+ 通义万相生成未来科幻风格的城市景观图

DeepSeek 具有强大的推理能力，可以智能生成提示词，而通义万相在生成图片时对 DeepSeek 的支持比较好，它们是一对很好的组合。

为了比较区别，我们同样使用第 9.2.3 节案例中的提示词生成未来科幻风格的城市景观图。生成过程不再赘述，结果如图 9-17 所示。

图 9-17 通义万相生成的未来科幻风格的城市景观图

9.2.7 案例 35：使用 DeepSeek+ 通义万相创作小说插画

在小说创作中，插画不仅能丰富故事情节，还能增强读者的沉浸感。结合 DeepSeek 的文本生成能力与通义万相的图片生成技术，我们可以高效地为小说场景创作插画。

步骤 1：使用 DeepSeek 生成精准的提示词。

根据小说章节或场景，使用 DeepSeek 生成详细的描述性文本。

假设小说中有这样一段描述：

"在月光下，少女站在古老的石桥上，手持红色伞，凝视着远方的湖面。"

> 提示词如下：
> 我的小说场景是"月光洒在古老的石桥上，少女身穿白色长裙，手持红色伞，静静地站在桥中央，凝视着远方的湖面，湖水在月光下泛起微波。"帮我生成绘图提示词。

DeepSeek 输出如下：

> 请绘制一幅图，展现出在皎洁月光的轻柔倾洒下，那座纹理古朴、布满岁月痕迹的古老石桥。桥上，一位身姿婀娜的少女身着一袭如雪般纯净的白色长裙，裙摆随风轻摆，裙边绣着精致的月光花图案。她右手轻撑一把色泽明艳的红色油纸伞，伞面上绘有灵动的锦鲤戏水图。少女静静地伫立在桥中央，微微仰头，眼神中透着一丝淡淡的怅惘，专注地凝视着远方那片在月光下泛着细碎银波的湖面。湖水波光粼粼，宛如无数颗钻石在闪烁，湖面上还漂浮着几片凋零的荷花花瓣。岸边垂柳依依，柳枝在微风中轻轻摇曳，投下斑驳的树影，营造出静谧而略带忧伤的氛围。

步骤 2：将提示词输入通义万相，生成图片。

将上述提示词输入通义万相的文字作画界面，生成并选择其中一幅图片，如图 9-18 所示。

图 9-18　通义万相生成的小说插画

9.2.8　案例 36：使用 DeepSeek+ 通义万相定制个性化头像

在数字化时代，个性化头像已成为社交媒体、在线游戏和各种数字平台中不可或缺的元素。利用 AI 技术，我们可以轻松创建自己的个性化头像。

案例背景

我们希望为个人社交媒体账户创建一个独特的头像，要求如下：
- 风格：现代简洁，突出个性化特征。
- 元素：包含用户的兴趣爱好，如音乐、旅行等。
- 色调：明亮、活泼，符合年轻人的审美。

步骤1：使用DeepSeek生成精准的提示词。

> 提示词如下：
> 根据如下内容帮我生成绘图提示词。
> 风格：现代简洁，突出个性化特征。
> 元素：包含用户的兴趣爱好，如音乐、旅行等。
> 色调：明亮、活泼，符合年轻人的审美。
> DeepSeek输出如下：
> 帮我生成图片：现代简洁风格，突出个性化特征，包含音乐和旅行元素，色调明亮、活泼，符合年轻人的审美。

步骤2：将提示词输入通义万相，生成图片。

将上述提示词输入通义万相的文字作画界面，生成并选择其中一幅图片，如图9-19所示。

图9-19 通义万相生成的个性化头像

9.2.9 案例37：使用DeepSeek+通义万相设计产品概念图

DeepSeek与通义万相深度融合，具备强大的功能拓展性，能够赋能多元且极具创新性的应用场景。在本节中，我们将深入解析一个极具典型意义的产品概念图设计案例，全方位剖析二者协同运作所衍生的独特价值与创新特质。

案例背景

在智能穿戴设备快速发展、市场竞争激烈的当下，某科技公司想推出一款针对运动爱好者和都市白领的智能手表。目前市场上的产品存在操作复杂、外观设计不佳、健康监测和运动追踪不够精准等问题。该公司希望自家产品有简洁操作、时尚实用外观及精准功能，但在产品概念设计初期面临创意生成慢、概念图制作难等挑战。此时，公司了解到DeepSeek和通义万相，决定用它们来辅助智能手表的产品概念图设计工作。

步骤1：使用DeepSeek生成精准的提示词。

提示词如下：

我是一名智能手表产品设计师，正在为新款智能手表设计概念图，希望生成一份包含详细功能、外观材质及特色亮点描述的提示词，交给通义万相生成概念图，要求语言简洁，突出产品科技感和时尚感。帮我生成绘图提示词。

DeepSeek 输出如下：

帮我生成图片：现代简洁风格，突出科技感和时尚感，采用圆形表盘设计，配备1.5英寸AMOLED柔性曲面屏，分辨率高，显示效果细腻；表壳采用高强度钛合金材质，表面经过喷砂处理，呈现亚光质感，增强耐磨性。配备多功能旋转表冠，方便用户操作；支持心率监测、血氧检测、GPS定位、NFC支付等功能，满足日常健康管理和支付需求；表带采用高分子氟橡胶材质，柔软舒适，适合运动佩戴。

步骤2：将提示词输入通义万相，生成图片。

将上述提示词输入通义万相的文字作画界面，生成并选择其中一幅图片，如图9-20所示。

图9-20 通义万相生成的产品概念图

9.3 本章总结

本章聚焦于 AI 图片生成在办公中的应用，首先介绍了图片生成在商务报告数据可视化和营销推广创意素材制作等方面的重要作用，接着深入讲解了利用豆包、通义万相进行图片生成的方法，并结合多个案例展示其实践效果，如生成促销活动海报、未来科幻风格的城市景观图等。此外，我们还探讨了 DeepSeek 与这些工具的结合应用，涵盖小说插画创作、个性化头像定制、产品概念图设计等场景。通过学习，我们掌握了借助 AI 为视觉工作增添魅力的有效途径。

第 10 章

AI 视频生成技术，为内容创作注入鲜活动力

在信息传播形式日新月异的当下，视频已成为内容呈现的主流形式之一。无论是社交媒体上的创意短片，还是专业领域的学术讲解，视频都以其生动、直观的特点吸引了大量观众。传统视频制作往往需要投入大量的时间、人力和物力，过程复杂且成本高昂。

AI 视频生成技术的出现，如同一场及时雨，为内容创作带来了全新的变革。它打破了传统制作的局限，以高效、智能的方式开启了视频创作的新纪元。本章我们将深入了解 AI 视频生成技术，探索各类 AI 工具在视频生成中的应用以及如何借助 DeepSeek 生成精彩的视频脚本和提示词，为内容创作注入鲜活动力。

10.1 AI 视频生成技术概述

AI 视频生成技术依赖于深度学习和神经网络，能够根据输入的文本、图片、音频或其他媒体素材，自动生成完整的视频内容。这项技术的核心在于其高效的自动化能力，能够让创作者以极低的成本和时间投入，生成专业级的短视频、广告片、教学视频等内容。

10.1.1 AI 视频生成技术在内容创作中的应用场景

AI 视频生成技术在内容创作中的应用场景体现在如下几个方面。

1. 影视创作领域

（1）特效制作：为影视特效制作带来革命性的变化，通过生成虚拟场景、角色和特效，大大降低制作成本，缩短制作时间。例如，在一些科幻电影中，利用 AI 生成的外星生物、未来城市等角色或场景，不仅逼真度高，而且还可以根据导演的创意进行快速调整和修改。

（2）剧本创作辅助：分析大量影视剧本数据，为创作者提供剧情走向、角色塑造等方面的建议。同时，还可以根据文本描述生成相应的分镜脚本，帮助导演更直观地规划拍摄内容。

（3）虚拟演员应用：生成虚拟演员。这些虚拟演员可以完成一些危险或难以实现的动作，并且可以根据需要进行定制化的设计。例如，一些电影已经开始使用虚拟演员来承担重要角色，为观众带来全新的视觉体验。

2. 广告营销领域

（1）个性化广告制作：根据用户的兴趣、行为和偏好等数据，制作出个性化的广告视频。例如，电商平台可以根据用户的浏览历史和购买记录，生成用户感兴趣商品的广告视频并进行展示，提高广告的点击率和转化率。

（2）创意广告生成：快速生成各种创意广告方案，为广告创作者提供灵感；通过对大量广告数据的学习和分析，生成具有独特创意和视觉冲击力的广告视频，吸引消费者的注意力。

3. 教育领域

（1）教学视频制作：制作生动有趣的教学视频，如动画演示、虚拟实验等。这些视频可以更直观地展示知识内容，提高学生的学习兴趣和理解能力。例如，在物理、化学等学科的教学中，通过AI生成的虚拟实验视频，可以让学生更清晰地观察实验过程和现象。

（2）个性化学习视频：根据学生的学习进度和能力生成个性化的学习视频，为每个学生提供适合他们的学习内容。这种个性化的学习方式可以更好地满足学生的学习需求，提升学习效果。

4. 社交媒体与短视频领域

（1）内容快速生成：在社交媒体和短视频平台上，用户需要快速生成吸引人的内容。AI视频生成工具可以帮助用户快速制作出有趣的短视频，如自动剪辑照片生成视频、添加特效和音乐等。

（2）热门内容创作：分析平台上的热门趋势和用户喜好，为创作者提供创作方向和灵感。例如，根据当前流行的话题和挑战生成相关视频内容，帮助用户在平台上获得更多的关注。

10.1.2　AI视频生成技术的优势

AI视频生成技术的优势体现在如下几个方面：

1. 提升效率和降低成本

传统的视频制作需要大量的人工参与，尤其是后期剪辑、音效添加、字幕生成等流程，往往耗时长、成本高，而AI视频生成技术能够显著提高视频制作的效率，减少制作周期，并降低成本。例如，通过DeepBrain等AI平台，创作者能够根据简单的文本描述快速生成一段视频。

2. 个性化创作

AI视频生成技术能够根据创作者的需求进行个性化定制，从视觉效果到声音配乐，AI

可以提供多种选择。随着技术的进步，AI生成的内容不仅能在结构上更贴合创作者的需求，还能在风格上进行高度个性化调整。

3. 智能化内容优化

AI能够通过数据分析实时优化内容表现。例如，平台可以通过AI分析视频的播放数据、观众反馈等，自动调整视频内容的风格、长度、节奏等，以更好地吸引受众，提高用户黏性。

10.2 使用AI视频生成工具开启创意视频生成之路

目前市面上有很多AI视频生成工具，每个工具都具有不同的功能和特色，适用于不同的创作需求。以下是一些常见的AI视频生成工具：

1. Sora

Sora是一款AI视频生成工具，支持基于文本生成视频。用户只需要输入简短的文本描述，Sora即可生成相应的视频内容。它适合快速制作简单的短视频。

特点：快速生成，支持多种风格的视频创作。

2. Runway

Runway可以提供强大的AI视频创作工具，支持基于图片、视频以及文本生成视频内容。它拥有较高的文本转换视频功能，可以根据输入的文本描述生成动态视频。

特点：多样化的视频创作功能，支持AI模型的实时预览与编辑。

3. Synthesia

Synthesia主要通过文本生成AI视频，尤其擅长生成有虚拟主持人或AI讲解员的教学视频。用户可以通过输入简单的文本，生成带有虚拟人物讲解的视频。

特点：生成带有虚拟人像的视频，非常适合制作培训视频、广告以及多语言内容。

4. 通义万相

通义万相提供从文本到视频的生成服务。通过输入文本描述，通义万相可生成相应的视频内容，同时支持从图像到视频的转化。

特点：高质量的图文内容生成，支持多种创意效果，且集成了AI艺术创作的多种功能。

5. 即梦AI

即梦AI是一个基于AI的视频生成平台，主要提供从文本到视频的生成服务。用户只需要输入简单的文本描述，系统可以自动生成相应的视频内容。即梦AI特别擅长生成风格化的视频内容，支持丰富的场景和人物设计。

特点：强大的从文本到视频的生成功能，可以生成短视频、广告视频、动画视频等；支持个性化创作，用户可以根据需求自定义视频风格；在创作上注重视觉表现和创意，适合内容创作者和品牌营销人员使用。

6. 可灵 AI

可灵 AI 是一款集 AI 视频生成、视频编辑以及智能创作于一体的平台，提供多种视频制作和编辑工具，支持从图像到视频的生成，能够通过上传的图片和输入的文本描述生成相应的视频内容，尤其在广告、短视频以及社交媒体视频创作中有广泛应用。

特点：支持高质量的从图片到视频的生成，并可以根据用户输入的文字描述进一步优化生成内容；提供视频剪辑和特效工具，帮助用户进行视频后期制作；强调智能化和个性化，可以帮助创作者快速制作出符合品牌调性的视频。

10.2.1 使用即梦 AI 生成视频

即梦 AI 是由剪映团队推出的创新型 AI 视频编辑工具，旨在通过 AI 技术为用户提供更加智能、便捷的创作体验。

即梦 AI 提供的 AI 视频生成工具能够帮助抖音用户（如内容创作者、品牌商、营销人员等）快速制作符合平台需求的短视频，提升创作效率和内容的吸引力。通过这种高效的视频创作方式，创作者可以专注于创意和传播，而不必耗费大量时间在视频制作上。

即梦 AI 的首页如图 10-1 所示。使用即梦 AI 前需要先注册或登录。如果你有抖音账号，可以通过抖音授权登录，具体操作过程略。登录成功可见图 10-2 所示的即梦 AI 操作界面。

图 10-1　即梦 AI 首页

第 10 章　AI 视频生成技术，为内容创作注入鲜活动力

图 10-2　即梦 AI 操作界面

在该界面单击"视频生成"按钮，进入图 10-3 所示的即梦 AI 视频生成操作界面。

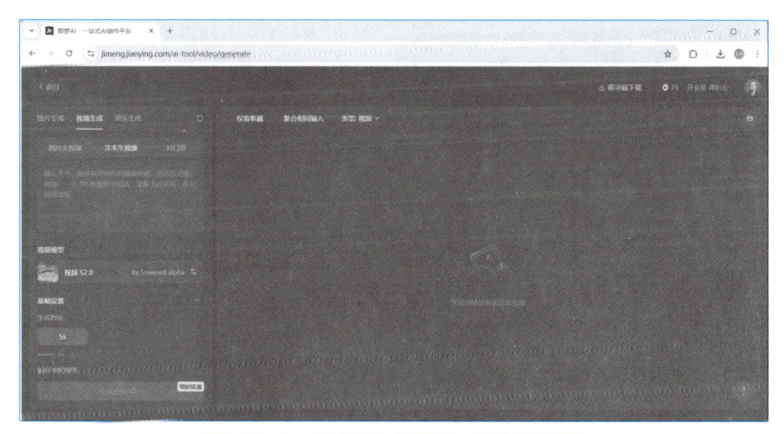

图 10-3　即梦 AI 视频生成操作界面

从图 10-3 中可见，视频生成分为：
（1）文生视频：通过提示词生成视频。
（2）图生视频：通过图片生成视频。

10.2.2　案例 38：使用即梦 AI 文生视频

下面通过案例介绍即梦 AI 如何通过文字提示词生成视频。

案例背景

小张是短视频博主，想借助即梦 AI 制作"奇幻森林冒险"主题视频。

构思时，小张撰写了详细的提示词，描述场景为"阳光透过树叶洒在青苔小径，雾气弥漫，神秘迷人"，主角是"勇敢的少年身穿探险服，背一背包，眼神坚定，充满了好奇"，森林元素为"彩鸟扑翅飞过，叽叽喳喳似引路""小松鼠抱着松果，警惕地看向少年"。

169

提示词如下：

场景为"阳光透过树叶洒在青苔小径，雾气弥漫，神秘迷人"，主角是"勇敢的少年身穿探险服，背一背包，眼神坚定，充满了好奇"，森林元素为"彩鸟扑翅飞过，叽叽喳喳似引路""小松鼠抱着松果，警惕地看向少年"。

生成步骤如下。

（1）选择"视频生成"→"文本生成视频"，如图10-4所示，在提示框中输入提示词。

图10-4　即梦AI视频生成操作界面

（2）单击"生成视频"按钮，开始生成视频，结果如图10-5所示。

图10-5　即梦AI文生视频

10.2.3 案例 39：使用即梦 AI 图生视频

下面通过案例介绍即梦 AI 如何通过一幅图片生成视频。

图 10-6 所示是笔者使用即梦 AI 生成的图片。

图 10-6　素材图片

生成步骤如下。

（1）选择"视频生成"→"图片生成视频"，单击"上传图片"上传素材图片，如图 10-7 所示。

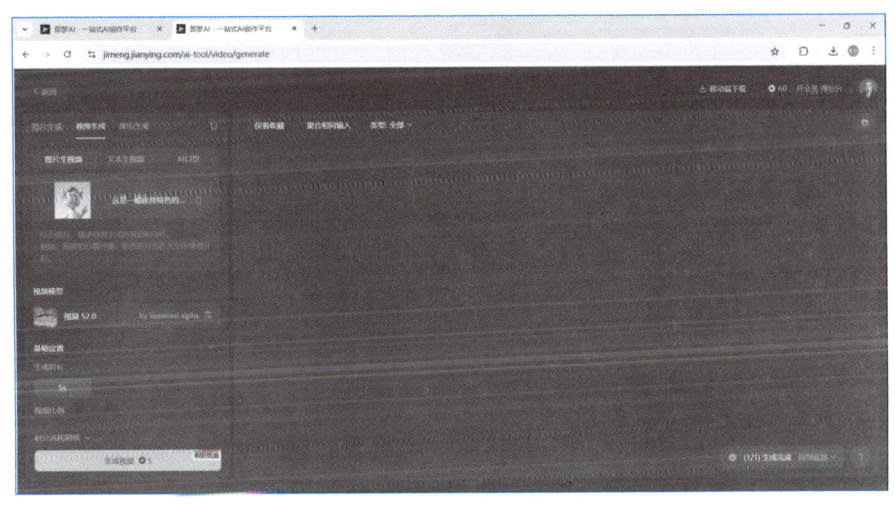

图 10-7　即梦 AI 上传图片操作界面

（2）单击"生成视频"按钮，开始生成视频，结果如图 10-8 所示。

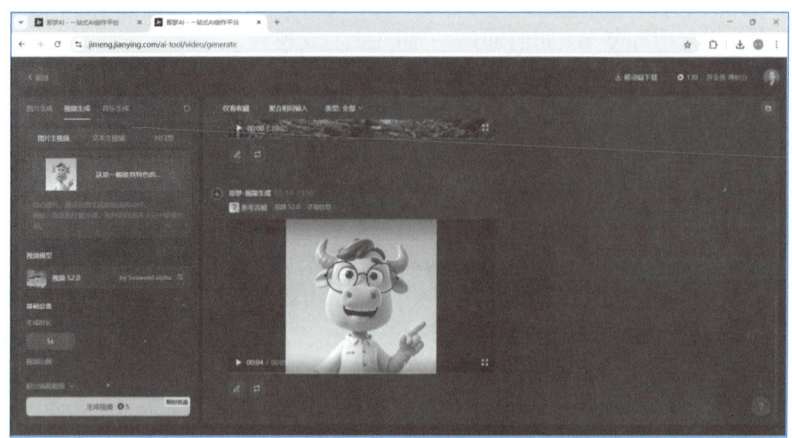

图 10-8　即梦 AI 图生视频

10.3　使用 DeepSeek 生成视频脚本

　　DeepSeek 虽非直接的 AI 视频生成工具，但能在多方面助力 AI 视频创作。
　　（1）脚本生成：输入视频主题，如"30 秒旅游景点介绍"，DeepSeek 可快速生成包含时间轴、旁白、字幕和画面描述的详细脚本。
　　（2）优化画面提示词：对初始画面描述不满意时，我们可让其生成符合图片生成工具语法的专业提示词，如 Midjourney 提示词，包含场景、光线、风格等信息。
　　（3）串联流程：其生成的脚本和提示词，可与 Midjourney 等图片生成工具、可灵等 AI 视频工具及剪映等剪辑软件结合，形成完整的制作流程。
　　（4）创意灵感：用户缺乏创意时，根据输入信息为用户提供新颖思路，激发用户创作灵感。

10.3.1　脚本介绍

　　在视频制作及电影、电视或其他类型作品的创作中，脚本指一个详细的书面文档，它规定了视频或作品中的对话、行动、场景、背景、时间安排等元素。脚本是创作和制作过程中的蓝图或计划，能够帮助创作者清晰地展示每一场景的构思和细节。它还是确保视频或作品按照预期流程顺利进行的关键工具，能帮助各个创作者（如导演、演员、摄影师、剪辑师等）在制作过程中保持一致性。

1．脚本的基本组成部分

　　（1）对话：演员或角色之间的台词，通常会列出角色名称，并写出他们对话的内容。
　　（2）场景描述：对每个场景的设定，对环境、气氛、时间、地点等的描述。例如，白天或夜晚、特殊天气等。

（3）动作描述：角色或物体在场景中的具体动作，例如"人物走向窗户""灯光逐渐变暗"等。

（4）时间安排：每个场景的时长，按时间顺序列出，确保每个环节与整体节奏相匹配。

（5）镜头指示：指示摄像机的角度、镜头切换、焦点变化等，以帮助导演和摄影师理解拍摄视角和拍摄需求。

（6）旁白、字幕：用来补充信息或提供额外的解说。

2. 脚本的类型

（1）电影脚本：包括对话、场景和动作描述，是电影制作的基础。

（2）电视剧剧本：与电影脚本类似，但通常按集和季划分。

（3）广告脚本：为广告片设计的脚本，通常较短，重点是品牌宣传。

（4）视频脚本：用于短视频、中视频、长视频等，可能包含旁白、镜头切换等信息。

（5）舞台剧本：用于舞台演出，包括演员的对话、舞台动作和场景布置。

> 假设你正在创作一个旅游景点介绍视频的脚本，内容可能如下：
> 场景1：日间，城市全景
> 描述：镜头从远处拉近，展示城市的标志性建筑，阳光明媚，空气清新。
> 旁白："欢迎来到美丽的城市×××，它以浓厚的历史文化著称。"
> 场景2：游客游览
> 描述：游客在古老的街道上漫步，脚步轻松，笑容满面。
> 旁白："这里不仅是历史的见证，更是现代游客的天堂。"

10.3.2 使用 DeepSeek 生成脚本

DeepSeek 生成脚本的功能指 DeepSeek 能够根据用户输入的主题自动生成一个详细的视频脚本。这个脚本不仅包括对话或台词，还包括时间轴、画面描述、旁白、字幕等多个元素。视频创作者可以借此轻松开始制作。

假设你输入"以'30秒旅游景点介绍'作为主题"，DeepSeek 可能生成以下脚本：

时间轴：

0:00—0:05：全景镜头展示旅游景点的外观，背景音乐渐入。

0:06—0:10：镜头切换到游客在景点内参观，旁白为"欢迎来到这个历史悠久的旅游胜地！"

0:11—0:20：展示景点的特色建筑或自然景观，旁白为"在这里，你可以感受到深厚的文化底蕴和美丽的风光。"

0:21—0:30：镜头拉远，游客笑着合影，字幕为"马上开始你的旅行吧！"

画面描述：
0:00—0:05：大气的远景，阳光明媚，景点的建筑显眼。
0:06—0:10：游客走在景点的步道上，轻松愉快，和煦的阳光洒在他们身上。
0:11—0:20：景点的细节特写，显示精美的建筑和自然景观，背景柔和。
0:21—0:30：游客在景点前自拍，场景愉悦而放松，画面充满活力。

如果不满意初步生成的脚本，DeepSeek 允许创作者根据个人需求调整细节，比如修改旁白内容、调整时间轴、选择不同风格的画面描述等。

脚本生成之后，DeepSeek 还可以提供图片生成工具（如 Midjourney）所需的专业提示词，帮助创作者快速生成相关的画面图像，进一步推动视频的视觉创作。

使用 DeepSeek 生成脚本的优势在于：

（1）节省时间：可以让创作者免去从零开始的烦琐过程，节省大量时间。

（2）提高创作效率：创作者可以迅速获得一个完整的框架，并根据该框架迅速开始拍摄、编辑工作。

（3）增强创意性：通过预设的脚本结构和画面描述，为创作者提供灵感，帮助他们更好地构思视频内容。

其应用场景为：

（1）视频创作：如广告公司、社交媒体的内容制作人，DeepSeek 可以为其快速创作脚本提供支持。

（2）品牌营销：企业可以快速生成广告视频的脚本，节省制作时间并确保内容的一致性。

（3）教学视频：用于快速制作教学视频脚本，确保信息传达清晰有效。

通过 DeepSeek 自动生成脚本，创作者可以快速启动视频制作并且在内容质量上保持高水准。

10.3.3　案例 40：使用 DeepSeek 生成普洱茶宣传视频脚本

下面通过一个案例介绍一下如何使用 DeepSeek 生成宣传视频脚本。

案例背景

某茶叶品牌希望制作一部宣传视频，重点推广其主打的优质普洱茶产品，通过生动的画面和富有感染力的文案，吸引消费者对普洱茶的关注，提升品牌知名度和产品销量。考虑到 DeepSeek 在文案创作和脚本设计方面的能力，品牌方决定借助该工具生成宣传视频脚本。

提示词如下：
我要为我们品牌的普洱茶制作一个宣传视频，希望突出普洱茶的产地优势、制作工艺以及独特口感和韵味。视频时长控制在 30 秒左右。帮我设计一个包含脚本、文案、画面描述以及音效搭配的完整脚本，以表格形式输出。

DeepSeek 输出如下：

时间轴	画面描述	旁白文案	字幕	音效搭配
0:00—0:05	空镜头，远景拍摄普洱茶的产地，青山绿水，云雾缭绕。	在云南的青山绿水之间，孕育着最优质的普洱茶。	普洱茶的家——云南	温暖的风声、清晨的鸟鸣声，轻柔的背景音乐逐渐渗入。
0:06—0:10	展示茶园，茶农在采摘茶叶，阳光洒落在茶树上。	这里的茶树生长在得天独厚的自然环境中，吸收着大自然的精华。	天然生态，优质茶叶	轻快的背景音乐，配合茶农采摘的声音，微风轻拂的效果。
0:11—0:15	特写镜头，展示手工制茶的过程，茶叶被揉捻、蒸压。	传统手工艺，每一片茶叶都经过精心的揉捻与蒸压。	匠心工艺，精致制作	手工揉捻、蒸汽升腾的声音，带有轻微的自然声音。
0:16—0:20	展示泡茶过程，茶叶在水中舒展，茶汤清澈透亮。	冲泡后的茶汤，色泽清澈，香气四溢。	色泽清澈，香气扑鼻	暖茶水注入的声音，背景音乐逐渐升高，营造舒适感。
0:21—0:25	展示茶杯中的茶汤，慢慢端起，品茗的动作。	每一口，都蕴含着普洱茶的浓厚韵味，回味悠长。	浓厚韵味，回味无穷	轻柔的品茶动作声，优雅的背景音乐，带有静谧感。
0:26—0.30	画面逐渐拉远，品牌 Logo 出现在屏幕旁，背景是茶园。	普洱茶，源自云南，传递自然与匠心。	普洱茶，传递自然与匠心	背景音乐渐弱，最后以一个平静、悠扬的音符结尾。

10.3.4 案例 41：使用 DeepSeek 生成元宵花灯主题视频脚本

下面通过一个案例介绍一下如何使用 DeepSeek 生成节日主题视频脚本。

案例背景

某城市的文化宣传部门计划在元宵节期间通过线上线下相结合的宣传方式，推广本地丰富多样的元宵文化活动，提升城市的文化影响力和知名度，吸引更多游客前来体验节日氛围。

其中，制作一部以元宵花灯为主题的宣传视频是重要的宣传手段之一。考虑到元宵花灯是元宵节最具代表性的元素，承载着丰富的文化内涵和人们对美好生活的向往，宣传部门希望通过视频生动展示本地特色的花灯造型、热闹的赏灯场景以及人们在节日中的欢乐氛围，从而激发大家对传统节日的热爱和参与热情。

由于时间紧迫且希望视频脚本具有创意和专业性，宣传部门决定借助 DeepSeek 这一强大的 AI 工具来生成视频脚本。他们期望 DeepSeek 能够根据其对元宵花灯的理解和用户的要求，生成一个详细且富有感染力的视频脚本，涵盖独特的场景构思、优美的旁白文案、合适的镜头语言以及恰到好处的背景音乐推荐，为后续的视频拍摄和制作提供清晰、全面的指导，以确保最终的宣传视频能够达到预期的宣传效果，吸引更多人关注和参与本地的元宵文化活动。

提示词如下：

请以元宵花灯为主题，生成一个 45 秒的视频脚本，包含详细的场景描述、旁白文案、镜头语言和背景音乐推荐。

DeepSeek 输出如下：

镜号	景别	时长	场景描述	旁白文案	镜头语言	背景音乐
1	远景	0～7s	夜幕降临，城市的上空还残留着一抹淡淡的霞光。古色古香的街道渐渐被点亮，一盏盏形态各异的花灯依次亮起，如同繁星洒落人间。街道两旁的建筑在灯光的映衬下，显得格外古朴而美丽。	当夕阳隐去最后一抹笑脸，元宵节的花灯，点亮了这座城市的夜晚。	镜头从高空缓缓下降，由远及近，呈现出街道被花灯点亮的全景画面，展现出整体的繁华氛围。	《彩云追月》，节奏轻快，旋律优美，营造出温馨、欢快的氛围，引入主题。
2	中景	8～15s	街道上，人群熙熙攘攘，大人小孩们穿着色彩鲜艳的新衣，脸上洋溢着喜悦的笑容。孩子们手里拿着造型可爱的手提花灯，有兔子灯、荷花灯，蹦蹦跳跳地穿梭在人群中。	瞧，大人们带着孩子漫步在花灯的海洋，欢声笑语，传递着节日的喜悦。	镜头跟随人群移动，捕捉人们的表情和动作，重点拍摄孩子们提着花灯的欢快模样，采用平移镜头。	《彩云追月》
3	特写	16～22s	一盏精美的走马灯，灯面上绘着古代的英雄人物，随着灯内烛光的转动，人物仿佛在策马奔腾，栩栩如生。灯的边缘装饰着精美的流苏，随着微风轻轻摆动。	看这走马灯，流转的光影仿佛诉说着古老的故事，每一处细节都凝聚着匠人的智慧。	镜头推近，对走马灯进行特写，聚焦灯面的图案和转动的细节，再拉远一些展示整体造型。	《彩云追月》
4	中景	23～30s	广场上，一群身着传统服饰的艺人正在表演舞龙舞狮。巨龙在花灯的映照下，金光闪闪，时而腾空而起，时而盘旋而下；狮子则灵活地跳跃、翻滚，与巨龙相互呼应。周围的观众们纷纷鼓掌叫好，有的还拿出手机拍照留念。	舞龙舞狮闹元宵，灵动的身姿在花灯下展示着传统的活力，点燃了节日的激情。	镜头从不同角度拍摄舞龙舞狮的表演，采用环绕镜头，展现热闹的氛围和精彩的表演。	《金蛇狂舞》，节奏激昂，营造出热闹、欢快的氛围。
5	近景	31～37s	一对年轻的情侣手牵着手，站在一盏心形花灯前。女孩的脸上洋溢着幸福的笑容，男孩温柔地看着她，两人相互依偎，显得格外甜蜜。	在这浪漫的花灯下，爱意也在悄然蔓延，愿有情人共赏这良辰美景。	镜头拉近，聚焦情侣的甜蜜互动，捕捉他们的表情和眼神交流。	《月亮代表我的心》（轻音乐版），旋律舒缓、温馨，增添浪漫的氛围。
6	中景	38～45s	一家人围坐在街边的小桌旁，桌上摆放着热气腾腾的元宵。他们一边品尝着香甜的元宵，一边欣赏着街边的花灯，不时地交谈着，脸上满是幸福和满足。街道上，花灯依旧璀璨，人群依旧热闹。	吃一碗香甜的元宵，赏一路绚烂的花灯，这就是元宵节，团圆、温暖、美好的时光。	镜头拉远，呈现出一家人围坐的场景，再慢慢拉远，展示街道的整体画面，镜头渐暗，结束视频。	《花好月圆夜》，节奏轻快，旋律优美，烘托出团圆、美好的氛围，结尾升华主题。

10.3.5 案例42：使用DeepSeek生成细胞分裂的分子机制学术微课脚本

下面通过一个案例介绍一下如何使用DeepSeek生成微课视频脚本。

案例背景

在当今的生物科学教育领域，细胞分裂的分子机制是中学生物学以及高校基础生物学课程中的重要内容。这部分知识对于学生理解生命的延续、生长发育以及遗传变异等概念起着关键作用。然而，细胞分裂的分子机制涉及众多复杂的过程和抽象的概念，如染色质的变化、纺锤体的形成、各种调控蛋白的作用等，对于学生来说，理解和掌握这些知识存在一定的难度。

为了提高教学效果，帮助学生更好地理解这一重要的生物学概念，教育工作者一直在寻找更有效的教学方法和资源。随着AI技术的发展，利用AI工具辅助教学成为一种新的趋势。DeepSeek作为一款功能强大的AI工具，能够根据用户输入的指令生成具有逻辑性和专业性的内容。

某中学生物教师团队和高校基础生物学教学团队在进行细胞分裂相关课程的教学准备时，决定尝试利用DeepSeek来生成关于细胞分裂的分子机制的学术微课脚本。他们希望借助DeepSeek的优势，将复杂的知识以更清晰、更生动的方式呈现给学生，同时节省教师的备课时间和精力。

教师团队期望生成的微课脚本能够包含详细的画面描述，以便在制作动画或实际教学展示时能够准确呈现细胞分裂的各个过程；精确的解说词，能够深入浅出地解释分子机制的原理；明确的字幕提示，帮助学生更好地理解重点内容；合适的音效，营造出良好的学习氛围。教师旨在通过制作这样的学术微课提升学生的学习兴趣和学习效果，使学生更深入地掌握细胞分裂的分子机制这一重要的生物学知识。

提示词如下：

请帮我生成一个关于细胞分裂的分子机制的学术微课脚本，时长为4分钟左右。脚本内容要包含详细的画面描述，以动画形式展示细胞分裂的过程，如染色体的变化、纺锤体的形成等；要有清晰准确的解说词，解释分子机制相关的原理，比如涉及的蛋白质、酶等分子的作用；添加合适的字幕提示，突出重点知识；搭配符合学术氛围的音效。

DeepSeek 输出如下：

镜号	时长	画面内容	解说词	字幕提示	音效
1	0:00—0:20	微课开始，画面呈现一个色彩鲜艳、结构清晰的细胞模型，细胞内的各种细胞器清晰可见，重点突出细胞核。镜头慢慢拉近，聚焦在细胞核上，细胞核内丝状的染色质若隐若现。	在生命的奇妙旅程中，细胞分裂是一项至关重要的活动。它就像是生命的接力棒传递过程，让新的细胞不断产生，维持着生物体的生长、发育和繁殖。今天，我们就一起深入探索细胞分裂的分子机制。	细胞分裂的分子机制 维持生命的重要活动	舒缓、带有探索感的背景音乐，如轻柔的钢琴旋律，开场时音量适中。
2	0:21—0:50	画面展示细胞进入分裂间期，细胞核内的染色质逐渐变得活跃，以动画形式呈现 DNA 分子的双螺旋结构解旋，游离的核苷酸分子按照碱基互补配对原则，在 DNA 聚合酶的作用下合成新的 DNA 链，完成 DNA 复制。染色质也在这个过程中逐渐开始准备复制。	细胞分裂前，会经历一个重要的准备阶段——分裂间期。在这个时期，细胞内最重要的事件就是 DNA 的复制。DNA 聚合酶就像一位勤劳的工匠，沿着解开的 DNA 链，将一个个核苷酸连接起来，精确地复制出与原来一模一样的 DNA 分子。这一过程为后续细胞分裂时遗传物质的平均分配奠定了基础。	分裂间期 DNA 复制 DNA 聚合酶	背景音乐持续，加入一些轻微的类似电子脉冲的声音，模拟分子活动的感觉。
3	0:51—1:30	间期结束，进入前期。染色质高度螺旋化，逐渐缩短变粗，形成形态清晰的染色体。同时，细胞两极的中心体开始发出星射线，形成纺锤体的雏形。在染色体上，着丝粒清晰可见。	细胞在完成物质准备后，就进入了分裂期。前期是一个显著的变化阶段，染色质会发生惊人的转变，它高度螺旋化，变成了我们熟悉的染色体形态。与此同时，细胞两极的中心体开始发挥作用，它们发射出星射线，这些星射线逐渐汇聚，形成了纺锤体，就像一个精密的牵引装置，为后续染色体的移动做好准备。	前期 染色质→染色体 纺锤体形成	背景音乐节奏稍微加快，加入一些轻微的"嗡嗡"声，表现细胞内的活跃变化。
4	1:31—2:00	中期来临，染色体在纺锤丝的牵引下，整齐地排列在细胞中央的赤道板上，每条染色体的着丝粒都与纺锤丝相连。	接下来是中期，这是一个非常关键且有序的阶段。在纺锤丝的强力牵引下，染色体整齐地排列在细胞的赤道板上，就像士兵们在接受检阅一样。此时，每条染色体的着丝粒都准确地与纺锤丝连接，确保了后续染色体分离的准确性。	中期 染色体排列在赤道板上	背景音乐保持节奏，突出一些清脆的"咔嗒"声，模拟染色体就位的感觉。

镜号	时长	画面内容	解说词	字幕提示	音效
5	2:01—2:40	后期，着丝粒一分为二，姐妹染色单体在纺锤丝的牵引下分别向细胞两极移动，染色体的形态和位置发生明显变化。	到了后期，细胞内出现了一个决定性的事件。着丝粒突然分裂，将姐妹染色单体分开。在纺锤丝的拉动下，这些染色单体就像被无形的手牵引着，迅速地向细胞的两极移动，使细胞两极都获得了一套完整的遗传物质。	后期 着丝粒分裂 姐妹染色单体分离	背景音乐节奏加快，力度增强，加入一些类似拉伸的"嗖"声，表现染色体移动的动态。
6	2:41—3:20	末期，到达两极的染色体逐渐解螺旋，变回染色质的形态。纺锤体逐渐消失，细胞膜从细胞的中部向内凹陷，缢裂成两个子细胞，植物细胞则在赤道板的位置形成细胞板，逐渐扩展形成新的细胞壁，将细胞一分为二。	最后是末期，细胞开始恢复平静。到达两极的染色体逐渐解螺旋，重新变回细长的染色质。同时，纺锤体也完成了它的使命，逐渐消失。对于动物细胞，细胞膜会向内凹陷，将细胞缢裂成两个子细胞，而植物细胞则会在赤道板的位置形成细胞板，进而发育成新的细胞壁，把细胞分隔开来。	末期 染色体→染色质 细胞缢裂/细胞板形成	背景音乐节奏放缓，音量减小，加入一些柔和的"呼呼"声，模拟细胞恢复平静的感觉。
7	3:21—4:00	画面再次展示最初的细胞模型，然后分裂成两个一模一样的子细胞，旁边出现一些文字说明细胞分裂的意义和重要性。最后画面渐暗，出现课程结束的字幕。	通过细胞分裂，生物体实现了细胞的更新和繁殖，保证了生命的延续和发展。细胞分裂的分子机制是如此精密而复杂，每一个步骤都离不开众多分子的协同作用。希望通过今天的学习，大家对细胞分裂能有更深入的理解。感谢观看！	细胞分裂的意义 课程结束	背景音乐逐渐减弱直至消失。

10.4 使用 DeepSeek 生成提示词

DeepSeek 生成提示词指 DeepSeek 通过分析用户提供的主题、内容或画面要求，生成符合图片生成工具（如 Midjourney、DALL·E、即梦 AI 等）所需的专业提示词。这些提示词帮助用户高效生成相关图像或视频画面，从而提升视频创作或内容生产的质量和效率。

提示词的生成流程：

（1）用户输入信息：用户提供简单的关键词、描述或主题，例如"普洱茶制作过程""海滩日出风景"或"未来城市建筑"。

（2）DeepSeek 分析并生成提示词：基于用户输入的主题，DeepSeek 会自动生成符合特定图片生成工具（如 Midjourney）所需格式的专业提示词。这些提示词包含场景、光线、色调、风格等元素，以确保生成的图像符合预期效果。

（3）优化和调整：用户可以根据需求调整或补充提示词，例如更改画面风格、色调或特定元素的要求，进一步提高图像的精准度和贴合度。

提示词的关键元素：

（1）场景描述：指明图像的主要环境或背景，例如"茶园的远景""未来城市夜景"。

（2）光线要求：描述图像的光照情况，例如"柔和的阳光""黄昏的金色光线"。

（3）风格：图像的视觉风格，例如"水彩画风格""极简主义风格"。

（4）细节和情感：补充图像的情感或细节要求，例如"宁静的氛围""繁忙的都市街道"。

（5）色调和色彩：指定图像的主色调和色彩，从而生成符合品牌调性或内容需求的画面效果。

假设你需要生成一张展示普洱茶制作过程的图片，DeepSeek 可能会生成以下提示词：

输入：

主题：普洱茶制作过程

DeepSeek 生成的提示词：

场景：茶园的宽广景观，茶树层层叠叠，背景是远处的山脉。

光线：阳光透过云层洒在茶树上，给画面带来温暖的感觉。

风格：自然主义风格，强调真实的环境和茶叶的自然色泽。

细节：茶农穿着传统的服饰，手工揉捻茶叶，周围是清新的茶香氛围。

色调：绿色为主，搭配棕色和黄色，表现出自然、清新的感觉。

通过 DeepSeek 的提示词生成功能，创作者可以大大提高创作效率，无须手动构思和调试复杂的图像细节。创作者可以轻松获得符合需求的图像提示词，直接运用于图片生成工具，得到符合要求的画面，节省时间并确保创作成果的高质量。

下面通过几个案例介绍一下使用 DeepSeek 生成视频提示词，再通过即梦 AI 生成视频的过程。

10.4.1 案例 43：使用 DeepSeek+ 即梦 AI 生成未来城市夜景视频

本节使用 DeepSeek 生成未来城市夜景视频的提示词，再使用即梦 AI 生成工具精准地创建出符合特定要求的未来城市夜景画面。具体来说，这个案例专注于生成一个充满赛博朋克风格和未来感的城市夜景，重点展示五光十色的霓虹灯、繁忙的街道、悬浮汽车以及现代化高楼大厦的动态和氛围。

步骤 1：使用 DeepSeek 生成精准的提示词。

提示词如下：

帮我根据如下内容，生成视频提示词：

主题：未来城市的夜景

描述：需要展示一个未来感十足的城市夜景，充满科技感和现代感，闪烁的霓虹灯和高楼大厦。

考虑到场景、光线、风格、细节和色调。

DeepSeek 输出如下：

请生成一个时长约 3 分钟，以"未来城市夜景"为主题的视频脚本。脚本中需展现出满是科技感与现代感的未来城市，高楼大厦的外墙被形态各异、不断闪烁变化的霓虹灯所覆盖，这些霓虹灯可呈现出动态的立体图案和绚丽色彩。同时，要有空中车道上悬浮汽车穿梭的画面，以及街道上智能机器人忙碌工作、身上闪烁指示灯的场景。脚本需包含不同景别，如俯瞰城市全景的远景、展现高楼细节的中景、聚焦霓虹灯变化的近景等，语言生动形象，能体现出未来城市夜晚的繁华与奇幻。

步骤 2：将提示词输入即梦 AI 生成视频。

将上述提示词输入即梦 AI 生成视频，如图 10-9 所示。

图 10-9　即梦 AI 生成未来城市夜景视频

10.4.2　案例 44：使用 DeepSeek+ 即梦 AI 生成海滩日出视频

本节使用 DeepSeek 来生成海滩日出视频的提示词，再通过即梦 AI 生成海滩日出视频。

步骤 1：使用 DeepSeek 生成精准的提示词。

提示词如下：

帮我根据如下内容，生成视频提示词：

主题：海滩日出景象
描述：需要表现海滩上日出时的宁静景象，阳光照亮沙滩和海面，色调柔和。
DeepSeek 输出如下：

请为我生成一个以"海滩日出景象"为主题，时长约 3 分钟的视频脚本。脚本要展现出海滩在日出时的宁静氛围，一开始画面是黎明前的海滩，黑暗中只有海浪轻轻拍打着沙滩的声音。随着时间推移，天边渐渐泛起鱼肚白，柔和的光线慢慢照亮沙滩上的贝壳和脚印。太阳缓缓升起，金色的阳光洒在波光粼粼的海面上，海天一色，色调温暖而柔和。脚本中需包含不同景别，如从远处拍摄海滩全景的远景，到聚焦沙滩上小螃蟹爬行的近景，还有拍摄太阳跳出海平面的特写等。同时，配以舒缓、宁静的旁白文案，描述日出时的美好与宁静。

步骤 2：将提示词输入即梦 AI 生成视频。

将上述提示词输入即梦 AI 生成视频，如图 10-10 所示。

图 10-10　即梦 AI 生成海滩日出视频

10.4.3　案例 45：使用 DeepSeek+ 即梦 AI 生成夏日森林探险视频

本节使用 DeepSeek 来生成夏日森林探险视频的提示词，再通过即梦 AI 生成夏日森林探险视频。

步骤 1：使用 DeepSeek 生成精准的提示词。

提示词如下：
帮我根据如下内容，生成视频提示词：
主题：夏日森林探险

> 描述：需要展示一个人在森林中冒险的场景，阳光透过树叶，探险气氛浓厚。
>
> DeepSeek 输出如下：
>
> 请生成一个时长约 3 分钟，以"夏日森林探险"为主题的视频脚本。脚本中要展现一个探险者独自深入森林的场景，阳光透过茂密的树叶，形成一道道金色的光柱洒在铺满落叶的小径上。探险者背着行囊，手持指南针，小心翼翼地前行，脸上露出既好奇又警惕的神情。途中，他会遇到色彩斑斓的蝴蝶在身边飞舞，听到不知名鸟儿的鸣叫。脚本需包含丰富的景别，如从高处俯拍森林全貌的远景，展现探险者脚步和周围植物细节的近景，以及捕捉阳光透过树叶缝隙的特写等。同时，配上紧张又充满期待的旁白，营造出浓厚的探险氛围。

步骤 2：将提示词输入即梦 AI 生成图像视频。

将上述提示词输入即梦 AI 生成视频，如图 10-11 所示。

图 10-11　即梦 AI 生成夏日森林探险视频

10.5　本章总结

本章聚焦于 AI 视频生成技术及其在内容创作中的应用，首先概述了 AI 视频生成技术的特点，并分析了其在影视创作、广告营销、教育和社交媒体及短视频领域的应用场景，随后介绍了即梦 AI 的视频生成功能，并通过"文生视频"和"图生视频"案例，展示了其强大的创作能力。

此外，我们还探讨了 DeepSeek 在生成视频脚本和优化提示词方面的应用，并通过多个案例演示了如何利用 AI 高效创作各类视频内容。

第 11 章

综合案例实战

在前面的章节中，我们深入学习了 DeepSeek 在办公各个环节的应用技巧，涵盖文档创作、数据处理、图片与视频生成等多个方面。然而，理论知识只有运用到实际场景中，才能真正发挥其价值。

本章我们将聚焦于综合案例实战，通过 5 个具有代表性的案例，详细展示 DeepSeek 在高效会议纪要与邮件沟通、商业文案创意与优化、打造产品介绍视频、精准优化简历以及辅助股票分析等实际办公场景中的具体应用方法和步骤。让我们在实际操作中巩固所学知识，提升运用 DeepSeek 解决实际问题的能力吧！

11.1 案例 46：DeepSeek 助力高效会议纪要与邮件沟通

在当代商业环境中，企业会议是沟通和决策的关键环节，但传统的会议纪要整理与邮件沟通方式效率低下、易出错，影响团队协作和工作推进。

ABC 科技公司随着业务拓展，会议增多，沟通成本攀升。为解决这一问题，该公司引入 DeepSeek 来优化会议纪要和邮件沟通流程。

1. 目标

（1）运用 DeepSeek 快速且精准地从会议纪要中提取关键信息，节省人力与时间。
（2）借助 DeepSeek 辅助组织邮件语言，使邮件内容逻辑清晰、重点突出，提高沟通效果。
（3）优化流程，减少信息传递误差，降低沟通成本，提升团队协作效率。

2. 工具

（1）DeepSeek：具备强大的自然语言处理能力，可对会议纪要进行分析处理。
（2）通用邮件客户端：用于邮件的编辑、发送和接收。

11.1.1 步骤 1：录入会议纪要

（1）录制会议内容：使用录音设备或会议软件（如钉钉、腾讯会议等）录制会议全过程，确保音频清晰。
（2）转换音频为文字：将录制的音频文件上传至 AI 语音转文字工具，如讯飞听见会记，快速准确地将语音转换为文字。

（3）上传文字稿至 DeepSeek：将转换后的文字稿粘贴并上传至 DeepSeek。

11.1.2　步骤2：提取核心信息

将整理好的 ABC 公司项目进度推进会议纪要录入 DeepSeek 后，DeepSeek 会运用自然语言处理技术对文本进行细致分析，识别出会议的关键议题。此次会议的关键议题围绕项目进度展开，涵盖研发、测试、市场推广和销售等多个方面。

提示词如下：

有如下 ABC 公司项目进度推进会议纪要，帮我提取一下核心信息。

项目进度信息：

研发方面，核心功能模块编码完成约 70%，比原计划滞后 5 天。数据库交互和算法实现遇到难题，数据实时更新功能原计划 10 天完成，实际已用 15 天还未完成。研发成本已支出 80 万元，超出原计划 5 万元。

测试方面，提前开展单元测试，解决了 12 个小问题，但因研发滞后，整体测试计划推迟。原计划完成 30% 的系统测试，实际只完成 15%，测试成本支出 15 万元，超出原计划 3 万元。

市场调研已完成，收集了 500 份有效问卷，分析出潜在客户对产品功能的关注度以及竞争对手的市场占有率，成本支出 10 万元。

销售部门与 30 家意向客户进行了沟通，客户反馈集中在价格定位和功能实用性上，60% 的客户认为价格偏高，50% 的客户希望增加特定功能。

问题及原因信息：

技术上，数据库并发处理能力不足，前期对技术复杂度评估不够，预计解决问题需额外投入 10 万元研发成本。

部门间沟通协调存在问题，信息传递延迟，影响了工作的衔接和推进。

解决方案信息.

研发部门成立 5 人的技术攻坚小组，争取 3 天内完成初步优化，1 周内彻底解决技术难题。

建立每天下午 5 点的 15 分钟跨部门线上沟通会机制。

后续任务及时间节点信息：

研发任务，11 月 22 日要完成所有功能模块的编码，预计投入 15 人，成本 20 万元；11 月 28 日进行内部集成测试，预计投入 8 人，成本 8 万元。

测试任务，12 月 5 日完成系统的全面测试，预计投入 10 人，成本 12 万元；12 月 10 日提交测试报告。

市场推广任务，12月15日制订详细的推广方案，预计投入6人，成本15万元；12月20日开始执行推广活动，预计投入8人，成本25万元。

销售任务，12月25日根据反馈调整销售策略和定价方案；12月30日加大销售力度拓展客户资源。

决策信息：

同意研发部门成立技术攻坚小组解决技术难题的方案，并要求按时间节点完成。

确定建立跨部门沟通会议机制。

批准市场部门的差异化推广方案和销售部门的优惠活动建议。

DeepSeek 输出如下：

一、项目进度信息

1. 研发进展

核心功能模块编码完成约70%，比原计划滞后5天。

数据库交互和算法实现遇到难题，原计划10天完成的数据实时更新功能已用15天，尚未完成。

研发成本已支出80万元，超出原计划5万元。

2. 测试进展

提前开展了单元测试，解决了12个小问题。

系统测试原计划完成30%，实际完成15%，因研发滞后，整体测试计划推迟。

测试成本支出15万元，超出原计划3万元。

3. 市场调研

已完成市场调研，收集500份有效问卷，分析了潜在客户对产品功能的关注度以及竞争对手的市场占有率。

市场调研成本支出10万元。

4. 销售反馈

销售部门与30家意向客户进行了沟通，客户反馈主要集中在：

价格定位：60%的客户认为价格偏高。

功能实用性：50%的客户希望增加特定功能。

二、问题及原因分析

1. 技术问题

数据库并发处理能力不足，前期技术复杂度评估不充分，预计解决问题需要额外投入10万元研发成本。

2. 沟通问题

部门间沟通协调存在问题，信息传递延迟，影响了工作衔接和项目推进。

三、解决方案

1. 成立技术攻坚小组

研发部门已成立5人的技术攻坚小组，计划在3天内完成初步优化，1周内彻底解决技术难题。

2. 跨部门沟通机制

建立每天下午5点的15分钟跨部门线上沟通会机制，以改善部门间的沟通和协调。

四、后续任务及时间节点

1. 研发任务

11月22日：完成所有功能模块的编码，预计投入15人，成本20万元。

11月28日：进行内部集成测试，预计投入8人，成本8万元。

2. 测试任务

12月5日：完成系统全面测试，预计投入10人，成本12万元。

12月10日：提交测试报告。

3. 市场推广任务

12月15日：制订详细的市场推广方案，预计投入6人，成本15万元。

12月20日：开始执行推广活动，预计投入8人，成本25万元。

4. 销售任务

12月25日：根据反馈调整销售策略和定价方案。

12月30日：加大销售力度拓展客户资源。

五、决策信息

同意研发部门成立技术攻坚小组，要求按时间节点完成任务。

确定建立跨部门沟通会议机制，以提高沟通效率。

批准市场部门的差异化推广方案和销售部门的优惠活动建议。

11.1.3　步骤3：生成邮件初稿

利用DeepSeek的自然语言处理能力，根据已提取的会议纪要关键信息，生成邮件初稿。我们将从会议纪要中提取出的项目进度、问题、解决方案、后续任务和决策信息输入DeepSeek的文本分析系统中，提取相关内容来构建邮件框架。

提示词如下：

有如下会议纪要中提取的核心信息，帮我生成邮件初稿。

一、项目进度信息

1. 研发进展

核心功能模块编码完成约70%，比原计划滞后5天。

数据库交互和算法实现遇到难题，原计划10天完成的数据实时更新功能已用15天，尚未完成。

研发成本已支出80万元，超出原计划5万元。

2. 测试进展

提前开展了单元测试，解决了 12 个小问题。

系统测试原计划完成 30%，实际完成 15%，因研发滞后，整体测试计划推迟。

测试成本支出 15 万元，超出原计划 3 万元。

3. 市场调研

已完成市场调研，收集 500 份有效问卷，分析了潜在客户对产品功能的关注度以及竞争对手的市场占有率。

市场调研成本支出 10 万元。

4. 销售反馈

销售部门与 30 家意向客户进行了沟通，客户反馈主要集中在：

价格定位：60% 的客户认为价格偏高。

功能实用性：50% 的客户希望增加特定功能。

二、问题及原因分析

1. 技术问题

数据库并发处理能力不足，前期技术复杂度评估不充分，预计解决问题需要额外投入 10 万元研发成本。

2. 沟通问题

部门间沟通协调存在问题，信息传递延迟，影响了工作衔接和项目推进。

三、解决方案

1. 成立技术攻坚小组

研发部门已成立 5 人的技术攻坚小组，计划在 3 天内完成初步优化，1 周内彻底解决技术难题。

2. 跨部门沟通机制

建立每天下午 5 点的 15 分钟跨部门线上沟通会机制，以改善部门间的沟通和协调。

四、后续任务及时间节点

1. 研发任务

11 月 22 日：完成所有功能模块的编码，预计投入 15 人，成本 20 万元。

11 月 28 日：进行内部集成测试，预计投入 8 人，成本 8 万元。

2. 测试任务

12 月 5 日：完成系统全面测试，预计投入 10 人，成本 12 万元。

12 月 10 日：提交测试报告。

3. 市场推广任务

12 月 15 日：制订详细的市场推广方案，预计投入 6 人，成本 15 万元。

12 月 20 日：开始执行推广活动，预计投入 8 人，成本 25 万元。

4. 销售任务

12 月 25 日：根据反馈调整销售策略和定价方案。

12 月 30 日：加大销售力度拓展客户资源。

五、决策信息

同意研发部门成立技术攻坚小组，要求按时间节点完成任务。

确定建立跨部门沟通会议机制，以提高沟通效率。

批准市场部门的差异化推广方案和销售部门的优惠活动建议。

DeepSeek 输出如下：

主题：项目进度更新及后续行动计划

亲爱的团队成员：

以下是关于 ABC 公司项目的最新进展及后续任务安排，感谢大家一直以来的努力与合作。

一、项目进度

1. 研发进展

目前核心功能模块编码已完成约 70%，较原计划滞后 5 天。

数据库交互和算法实现遇到技术难题，数据实时更新功能原计划 10 天完成，但实际已用 15 天，仍未完成。

研发成本已支出 80 万元，超出预算 5 万元。

2. 测试进展

单元测试提前开展，并解决了 12 个小问题。

系统测试原计划完成 30%，但实际完成仅 15%，由于研发滞后，整体测试计划推迟。

测试成本已支出 15 万元，超出预算 3 万元。

3. 市场调研

已完成 500 份有效问卷的市场调研，分析了潜在客户对产品功能的关注度及竞争对手的市场占有率。

市场调研成本支出为 10 万元。

4. 销售反馈

销售部门已与 30 家意向客户进行了沟通，客户反馈主要集中在：

价格定位：60% 的客户认为价格偏高。

功能实用性：50% 的客户希望增加特定功能。

二、问题与原因

1. 技术问题

数据库的并发处理能力不足，前期对技术复杂度的评估不够。预计需要额外投入 10 万元研发成本来解决该问题。

2. 沟通问题

部门间沟通协调存在问题，信息传递延迟，影响了工作的衔接和项目推进。

三、解决方案

1. 成立技术攻坚小组

研发部门已成立 5 人技术攻坚小组，计划在 3 天内完成初步优化，1 周内彻底解决技术难题。

2. 跨部门沟通机制

我们将建立每天下午 5 点的 15 分钟跨部门线上沟通会机制，以确保信息及时传递，提升团队协作效率。

四、后续任务及时间节点

1. 研发任务

11 月 22 日：完成所有功能模块编码，预计投入 15 人，成本 20 万元。

11 月 28 日：进行内部集成测试，预计投入 8 人，成本 8 万元。

2. 测试任务

12 月 5 日：完成系统全面测试，预计投入 10 人，成本 12 万元。

12 月 10 日：提交测试报告。

3. 市场推广任务

12 月 15 日：制订详细的市场推广方案，预计投入 6 人，成本 15 万元。

12 月 20 日：开始执行推广活动，预计投入 8 人，成本 25 万元。

4. 销售任务

12 月 25 日：根据客户反馈调整销售策略和定价方案。

12 月 30 日：加大销售力度，拓展客户资源。

五、决策信息

我们已同意研发部门成立技术攻坚小组，并要求按时间节点完成任务。

决定建立跨部门沟通会议机制，以提高沟通效率。

批准市场部门的差异化推广方案和销售部门的优惠活动建议。

请大家根据各自负责的任务，确保按时完成，并随时向我报告任何进展或遇到的问题。感谢大家的支持和合作！

祝工作顺利！

[您的名字]
[您的职位]
ABC 公司

如果需要，可以对邮件初稿进行个性化修改或补充细节，以确保语言风格和公司文化一致。

11.1.4 步骤 4：审核与发送邮件

在邮件初稿生成后，下一步是进行邮件审核与发送，确保邮件内容无误、语气合适，并且符合公司内部沟通的要求。以下是该步骤的详细操作流程：

1. 邮件内容审核

（1）检查信息完整性：确保邮件涵盖了会议纪要中提取的所有关键点，特别是项目进度、问题及原因分析、解决方案、后续任务及时间节点、决策信息等。

（2）确认语言简洁明确：审核邮件语言是否简洁明了，避免过于冗长或复杂的句子。确保每个段落和条目都清楚表达，易于团队成员快速理解。

（3）调整语气和风格：确保邮件的语气既专业又友好，符合公司文化和团队沟通的要求。如果有必要，可以根据不同的团队或收件人的需求调整语气。例如，某些团队成员可能更倾向于直接的信息，而其他成员则可能需要更多背景说明。

（4）检查日期、数字和时间节点：确保所有的日期、数字、时间节点等信息准确无误，避免因错误的时间安排或进度更新导致混淆。

（5）校对拼写和语法：使用拼写检查工具或手动校对邮件，确保没有拼写错误、语法错误或标点符号错误。

2. 邮件配图审查

（1）核实配图一致性：如果邮件中包含图表、截图或其他视觉元素（如配图），请检查图片是否符合邮件内容，且具有清晰的表达力。

（2）图片加载与显示：确保图片或附件加载正常，避免影响邮件发送或阅读体验。

3. 确认收件人及抄送人

（1）选择适当的收件人：确保邮件发送给相关的项目团队成员和关键决策者（如研发、测试、市场、销售等部门负责人）。如果需要，加入适当的抄送人（如项目经理、其他高级领导等）。

（2）邮件主题设置：设置简洁明了的邮件主题，如"项目进度更新及后续任务安排"，以便收件人对邮件内容一目了然。

4. 最终审核与发送

（1）最终审核：在邮件发送之前，最后检查一次邮件内容，确保所有信息准确无误，所有附件或配图已正确插入。

（2）发送邮件：完成最终审核后，点击"发送"按钮，将邮件发送给所有相关人员。

（3）邮件记录：确保邮件已经成功发送，并保留发送记录。可以将邮件存档或保存为草稿，以便后续参考。

11.2 案例 47：DeepSeek 赋能商业文案创意与优化

在当今竞争激烈的商业环境中，优质的商业文案和与之匹配的视觉呈现在塑造品牌形象、推广产品和服务方面起着至关重要的作用。传统的文案创作和配图方式不仅耗时费力，而且在创意和效果上往往难以满足市场需求。借助 DeepSeek 的智能文案生成能力以及通义万相的图像创作功能，我们能够高效地产出具有吸引力和营销力的商业文案及契合的配图，从而提升品牌的传播效果。

1. 目标

通过 DeepSeek 的自然语言处理和数据分析能力，创作具有吸引力和营销力的商业文案，如年度总结、新媒体推广文案等，搭配契合的图片，提升品牌形象和传播效果。

2. 工具

（1）DeepSeek：用于分析数据，生成文案框架与核心内容。
（2）文字处理软件：如 Word，进行文案的润色与调整。
（3）新媒体平台：如微信公众号、微博，用于发布最终文案。
（4）通义万相：用于根据文案需求生成匹配的图片。

11.2.1 步骤 1：初步生成文案

向 DeepSeek 详细描述产品信息，以智能运动手环为例：

（1）产品特点：具备心率监测、睡眠监测、运动轨迹记录、消息提醒等功能。电池续航长达 15 天，有多种颜色可选，售价 299 元。
（2）目标受众：年龄在 20～40 岁之间，热爱运动、关注健康的人群。
（3）营销重点：长续航、多功能、时尚外观、高性价比。
（4）平台特点：微博平台，注重话题性和互动性。

提示词如下：

我要在微博上推广一款智能运动手环，目标受众是 20～40 岁热爱运动、关注健康的人群。产品具备心率监测、睡眠监测、运动轨迹记录、消息提醒等功能，电池续航 15 天，有多种颜色可选，售价 299 元。营销重点为长续航、多功能、时尚外观、高性价比。

请生成一篇风格幽默风趣、字数在 150 字左右的微博推广文案，要突出话题性和互动性。

DeepSeek 输出如下：

【超长续航，运动更自由！】

你还在为充电烦恼吗？这款智能运动手环，一次充电，续航长达 15 天！心率、睡眠、运动轨迹全能监测，帮你随时掌握健康状态。

不仅如此，它的外观时尚，颜色多到让你挑花眼！从健身房到日常穿搭，都能完美搭配，价格亲民，仅需 299 元。

运动达人必备，健康生活从现在开始！

#挑战更长续航# 你最喜欢哪个颜色？评论区告诉我，让我们一起跑出新高度！

11.2.2 步骤2：润色与优化文案

打开文字处理软件（如 Word），将 DeepSeek 生成的文案复制到文档中。

结合品牌的风格特点和目标受众的语言习惯，对文案进行全面润色和调整。仔细检查语法错误、拼写错误和表达歧义，使文案语言更加流畅、准确、生动。

优化文案的结构，增强逻辑连贯性，合理安排段落层次，突出重点内容。可以适当引入实际案例、具体数据或感人故事，提升文案的说服力和吸引力。

11.2.3 步骤3：生成图片

深入理解优化后的文案内容和风格，确定配图的主题、风格和用途。例如，对于微信公众号封面图，要突出文案的核心卖点，吸引用户点击；对于文中插图，要与具体内容紧密呼应，辅助理解。

将文案的关键信息和配图要求输入通义万相，通义万相会生成一系列图片以供选择，从中挑选最符合要求的图片进行下载和保存。如果对图片效果不满意，可以调整描述，再次生成。

以下是为智能运动手环生成配图时输入通义万相的详细提示词示例：

1. 微信公众号封面图

（1）风格：科技时尚风

生成一张科技感与时尚感十足的微信公众号封面图。画面主体是一款色彩绚丽的智能运动手环，手环表面发出幽蓝色的光，光影流动，凸显其科技感。手环被一只时尚的手优雅地托着，背景是城市的夜景，高楼大厦闪烁着霓虹灯，天空中有卫星轨迹和数据线条交错，营造出未来科技的氛围。图片整体要突出手环的多功能特性，如屏幕上隐约显示心率、步数、运动轨迹等数据，同时体现其时尚外观，有多种颜色的光芒环绕着手环。用色大胆鲜明，吸引 20~40 岁热爱运动且追求时尚的人群点击。

（2）风格：活力动感风

制作一张充满活力动感的微信公众号封面图。画面中一位年轻帅气的运动员戴着智能运动手环在赛场上全力奔跑，手环在阳光下闪耀着光芒。运动员的汗水飞溅，周围是欢呼的人群和飘扬的彩旗，体现出运动的激情。手环屏幕上的数据不断跳动，突出其心率监测、运动记录等功能。图片背景采用明亮的色彩，如橙色和黄色的渐变，展现出积极向上的活力，吸引目标受众关注。

2. 文章开头引导图

（1）风格：简约清新风

为智能运动手环文案的开头部分生成一幅简约清新风格的引导图。画面以淡蓝色为背景，中间是一只白色的智能运动手环平放在一片绿色的草地上，草地上有几朵粉色的小花点缀，旁边放着一双运动鞋和一个运动水壶。手环屏幕上显示着简单的时间和电量信息，体现出手环的简洁外观和长续航特点。图片整体给人一种清新、舒适的感觉，引导读者继续阅读文案。

（2）风格：温馨治愈风

创作一幅温馨治愈风格的文章开头引导图。画面中是一个温馨的卧室场景，柔和的灯光洒在床上，一个年轻人戴着智能运动手环安静地睡着，手环发出微弱的光，旁边的床头柜上放着一杯水和一本书。画面的一侧用半透明的线条展示出手环监测到的睡眠数据，如睡眠时长、深浅睡眠比例等。整个图片营造出一种安心、舒适的氛围，让读者感受到手环对健康生活的关怀。

3. 功能介绍插图

（1）心率监测功能

为智能运动手环的心率监测功能生成一幅生动写实的插图。画面中一位健身爱好者在健身房的跑步机上快速奔跑，脸上带着专注的神情，汗水湿透了他的衣服。他手腕上的智能运动手环屏幕清晰地显示着实时心率数据，旁边有一个动态的心率曲线图表在不断更新。背景是健身房的器材和其他运动的人，体现出心率监测功能在运动场景中的实用性。

（2）睡眠监测功能

生成一幅体现智能运动手环睡眠监测功能的插图。画面是一个宁静的卧室，月光透过窗户洒在床上，一个人侧身熟睡，呼吸均匀。手腕上的手环发出柔和的蓝光，围绕着手环有一些梦幻般的线条和图标，代表着深浅睡眠状态、睡眠质量评分等数据。在床的一侧，有一个虚拟的屏幕展示出详细的睡眠报告，包括入睡时间、醒来时间、睡眠时长等信息，直观地展示出手环的睡眠监测功能。

（3）运动轨迹记录功能

绘制一幅展示智能运动手环运动轨迹记录功能的插图。画面中一位骑行者在风景秀丽的山间公路上骑行，阳光洒在身上，周围是青山绿水。骑行者手腕上的手环屏幕上显示着运动轨迹地图，地图上的路线与实际骑行的路线相呼应，旁边还有距离、速度、海拔等数据。画面中可以适当添加一些飘动的云朵和飞翔的鸟儿，增添画面的生动感，突出运动轨迹记录功能的实用性和趣味性。

4. 文末引导关注图

（1）风格：互动有趣风

创作一张互动有趣风格的文末引导关注图。画面中一群年轻人戴着智能运动手环在户外进行各种运动，有跑步的、打篮球的、骑自行车的，大家脸上都洋溢着快乐的笑容。手环屏幕上显示着不同的运动数据和成就图标。图片的下方有一个对话框，上面写着"关注我们，一起用智能运动手环开启健康运动生活！"对话框旁边有一个可爱的手指指向关注按钮。整体图片色彩鲜艳，充满活力，引导读者关注公众号。

（2）风格：激励鼓舞风

生成一幅激励鼓舞风格的文末引导关注图。画面中一位运动员戴着智能运动手环站在领奖台上，手中拿着奖杯，脸上洋溢着自豪的笑容。背后是欢呼的人群和飘扬的旗帜，体现出成功和荣誉。手环屏幕上显示着他在比赛中的运动数据和突破纪录的提示。图片上方有一行醒目的文字"拥有智能运动手环，激励自己不断突破！关注我们，开启运动新征程！"，用这种激励的方式引导读者关注公众号。

例如，我们想为微信公众号封面配图，选择科技时尚风格。在通义万相中输入提示词：

画面主体是一款色彩斑斓的智能运动手环，表面散发着幽蓝色光芒，光影流动，呈现出强烈的科技感。手环被一只时尚优雅的手轻轻托起，背景为繁华的城市夜景，闪烁的高楼霓虹灯映衬着未来感十足的氛围。空中交错的卫星轨迹和数据线条，象征着科技与健康的紧密联系。图片要突出手环的多功能特点，屏幕上可以隐约显示心率、步数、运动轨迹等实时数据。手环的时尚外观和多种颜色的光环围绕，形成视觉冲击，色调大胆鲜明，吸引 20 ~ 40 岁热爱运动、追求时尚的群体点击观看。

图片生成过程如图 11-1 所示。

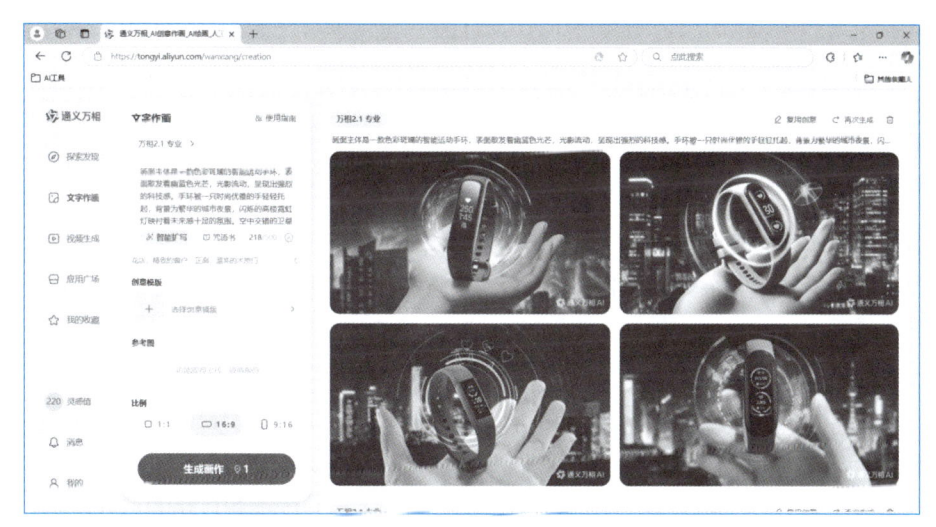

图 11-1　通义万相生成微信公众号封面配图界面

笔者选择其中一个，如图 11-2 所示。

图 11-2　通义万相生成的微信公众号封面配图

11.2.4 步骤 4：整合与发布

在新媒体平台的编辑器中，将优化后的文案和生成的图片进行合理整合。注意图片的位置、大小和排版，确保图文搭配协调、美观，提升阅读体验。

仔细检查发布内容，确认文案和图片的完整性、准确性，以及格式的规范性。检查链接、标签等是否设置正确。

按照新媒体平台的发布规则和流程，将内容发布到目标平台上。

11.3 案例 48：DeepSeek 协同打造优质产品介绍视频

在竞争激烈的市场中，一个优质的产品介绍视频是推动产品销售、提升品牌知名度的关键。传统视频制作流程复杂、周期长，且难以精准贴合产品特性与目标受众喜好。借助 DeepSeek 的智能分析与创意生成能力，结合即梦 AI 的视频创作功能以及通义万相的图片生成能力，我们能够高效且精准地打造出极具吸引力的产品介绍视频。

1. 目标

制作内容丰富、形式生动的产品介绍视频，搭配合适的图片素材，有效传达产品价值，提高产品的市场推广效果。具体目标为吸引消费者的注意力，提高产品的曝光度和转化率，促进产品销售。

2. 工具

（1）DeepSeek：根据输入的产品信息和视频风格要求，生成视频脚本创意和大纲，并对视频文字内容进行优化。

（2）即梦 AI：依据脚本快速生成视频初稿，提供多样化的视频风格和特效。

（3）通义万相：根据脚本中的关键信息生成高质量、契合主题的图片素材，为视频增添视觉吸引力。

11.3.1 步骤 1：获取脚本创意与大纲

向 DeepSeek 详细描述产品信息，以智能运动手环为例：

（1）产品特点：具备心率监测、睡眠监测、运动轨迹记录、消息提醒等功能，电池续航 15 天，有多种颜色可选。

（2）功能优势：监测精准、续航长、外观时尚、操作简便。

（3）目标受众：20～40 岁热爱运动、关注健康的人群。

（4）视频风格要求：活力时尚、动感有趣，吸引目标受众。

提示词如下：

我想为一款智能运动手环制作产品介绍视频。产品特点为具备心率监测、睡眠监测、运动轨迹记录、消息提醒功能，电池续航15天，有红、蓝、黑、白、绿五种颜色可选，采用防水设计，可用于游泳场景，配备高清触控屏幕且操作灵敏。功能优势是监测精准度达98%、续航长、外观时尚、操作简便，还具备运动数据分析功能，可提供个性化运动建议。目标受众是20～40岁热爱运动、关注健康、常使用智能手机且对科技产品接受度高的人群。视频风格要求活力时尚、动感有趣以吸引目标受众。请生成该产品介绍视频的脚本创意和大纲。

DeepSeek输出如下：

脚本创意：

以一位年轻运动爱好者的一天为线索，展示智能运动手环在不同运动场景和日常生活中的应用，通过生动有趣的动画和特效，突出手环的各项功能和优势，吸引目标受众的关注。

大纲：

阶段	时长	画面	旁白/台词	音乐/音效
开场	0:00—0:10	阳光透过窗户洒在卧室，主角从睡梦中醒来，手腕上的智能运动手环闪烁着微光，屏幕显示睡眠监测数据。	"新的一天，从了解自己的睡眠开始。"	轻柔的起床音乐，闹钟铃声
睡眠监测功能展示	0:11—0:30	特写手环屏幕，详细展示睡眠时长、深浅睡眠比例、睡眠质量评分等数据，画面切换到动画形式，展示主角在睡眠中身体的状态变化。	"这款智能运动手环，能精准监测你的睡眠，让你了解自己的睡眠质量，为新的一天做好准备。它的监测精准度高达98%，数据可靠又详细。"	舒缓的音乐，轻微的呼吸声
起床及日常消息提醒	0:31—0:45	主角起床洗漱，于屏幕亮起，显示新的消息提醒，主角查看消息并微笑。	"不仅如此，它还能及时提醒你重要消息，不错过任何精彩。高清触控屏幕，操作灵敏，轻轻一点，信息尽在掌握。"	轻松的日常音乐，消息提示音
运动前准备	0:46—1:00	主角换上运动装备，戴上手环，画面展示手环的多种颜色，主角选择了自己喜欢的颜色。	"多种颜色可选，满足你的个性需求。时尚的外观，让你在运动中也能成为焦点。"	动感的运动前奏音乐
运动场景及心率监测	1:01—1:30	主角在户外跑步，于环实时显示心率数据，旁边出现动画特效的心率曲线，随着跑步节奏跳动。	"开始运动啦！手环的心率监测功能，实时为你保驾护航。精准的监测，让你的运动更科学、更安全。"	动感的跑步音乐，脚步声
运动轨迹记录	1:31—2:00	画面切换到地图模式，展示主角的运动轨迹，手环屏幕上显示运动距离、速度、消耗的卡路里等数据。	"它还能准确记录你的运动轨迹，每一次奔跑，每一段旅程，都有它为你见证。运动数据分析功能，会为你提供个性化的运动建议，助你不断突破自我。"	动感的运动音乐，风吹声
游泳场景及防水功能展示	2:01—2:30	主角在游泳池中游泳，手环在水中清晰可见，屏幕依然正常显示数据。	"即使在游泳时，它也能陪伴着你。强大的防水设计，让你无须担心。"	游泳的水花声，动感音乐持续
续航能力强调	2:31—3:00	画面切换到对比场景，其他品牌手环电量不足闪烁，而这款手环显示电量充足，还能使用10天以上。	"15天的超长续航，让你告别频繁充电的烦恼。无论何时何地，它都能持续为你服务。"	轻松的音乐，对比音效
结尾	3:01—3:30	主角运动结束，脸上洋溢着满足的笑容，展示手环，屏幕出现品牌logo和购买信息。	"选择这款智能运动手环，开启活力时尚、健康有趣的运动生活。快来拥有它吧！"	欢快的音乐渐弱

11.3.2 步骤 2：生成图片素材

将脚本关键信息输入通义万相，生成图片素材。

输入"生成公园中，年轻人戴智能运动手环跑步、骑车、打篮球的活力动感图片"用于开场。通义万相生成图片后，挑选合适的下载保存，如图 11-3 所示。

图 11-3　通义万相生成的开场图片

输入"制作智能运动手环特写图，展示外观与颜色，用黑色背景突出手环的光泽"用于产品展示。通义万相生成图片后，挑选合适的下载保存，如图 11-4 所示。

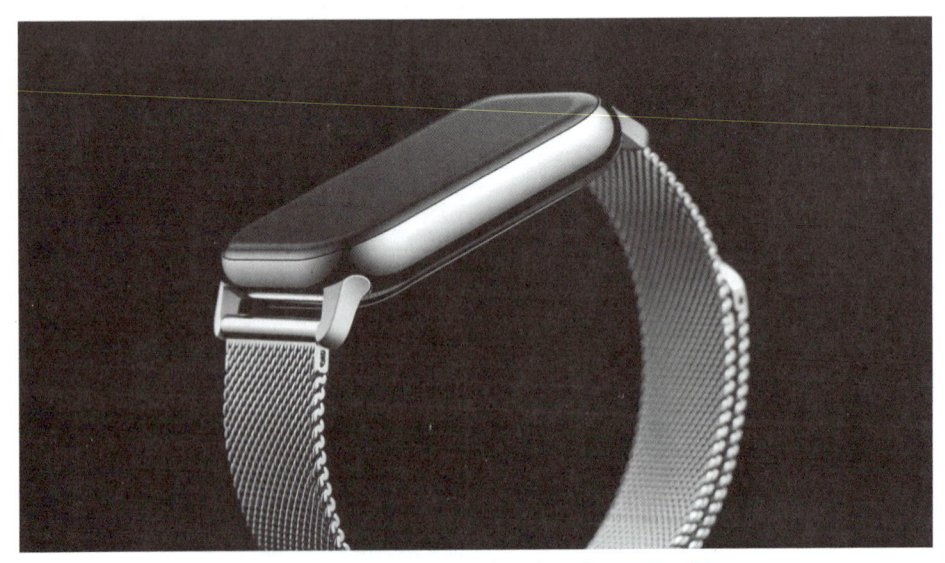

图 11-4　通义万相生成的智能运动手环展示图

输入"创作女士躺在床上，手环发光显示睡眠监测数据的温馨舒适图片"用于睡眠监测功能演示。通义万相生成图片后，挑选合适的下载保存，如图11-5所示。

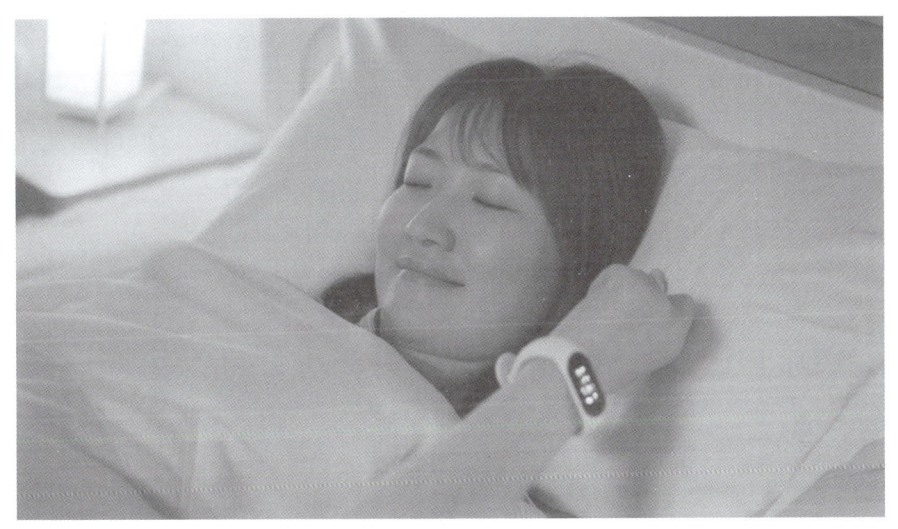

图 11-5　通义万相生成的睡眠监测功能演示图

11.3.3　步骤 3：制作视频初稿

在步骤 2 中，我们已通过通义万相生成了所需的图片素材。接下来，我们将利用即梦 AI 的图生视频功能，根据脚本要求，将这些图片素材转化为视频初稿。如图 11-6 所示，生成开场视频。

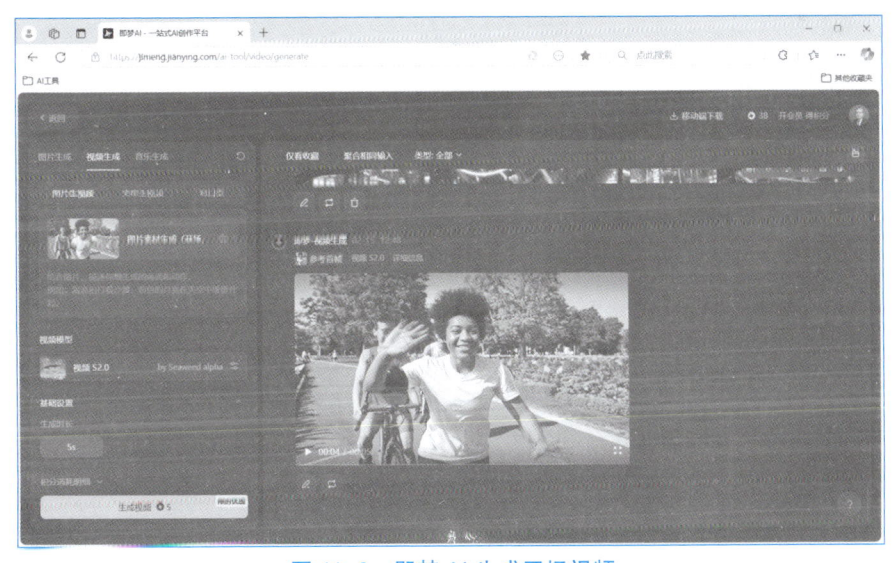

图 11-6　即梦 AI 生成开场视频

在视频生成过程中，即梦 AI 提供了流畅的运镜和自然的动效效果，支持用户对视频的运镜、速度等进行控制，以实现更生动的视觉效果。通过这一过程，我们能够高效地将静态图片素材转化为动态视频内容，为后续的优化和发布奠定基础。

11.3.4　步骤 4：优化调整视频

将视频初稿的旁白、字幕等文字信息输入 DeepSeek 进行语言优化。如把"手环的心率监测功能"优化为"它像贴心健康管家，精准监测心率变化"。

根据 DeepSeek 反馈，我们可以在即梦 AI 中调整视频画面和剪辑。若画面节奏有问题或场景展示不清晰，我们可以进行修改，如放慢心率监测画面、调整场景切换顺序等。

11.4　案例 49：DeepSeek 精准优化简历，提升求职成功率

在当今竞争激烈的就业市场中，一份出色的简历是求职者脱颖而出的关键。然而，很多求职者在撰写简历时，往往难以准确把握招聘方的需求，突出自身优势，导致简历在众多竞争者中难以吸引招聘者的眼球。DeepSeek 作为强大的 AI 工具，能够根据招聘信息和求职者的个人情况精准分析并优化简历内容，提高求职成功率。

1. 目标

帮助求职者通过 DeepSeek 对简历进行精准优化，使简历能够更好地匹配招聘岗位要求，突出求职者的核心竞争力，从而提高获得面试机会的概率。

2. 使用

（1）DeepSeek：用于分析招聘信息和求职者简历，提供针对性的优化建议。

（2）文字处理软件（如 Word、WPS）：用于撰写、编辑和保存简历。

11.4.1　步骤 1：收集招聘信息

（1）选择招聘渠道：利用多种招聘渠道收集招聘信息，常见的渠道包括综合性招聘网站（如智联招聘、BOSS 直聘、前程无忧等）、企业官方网站、社交媒体平台（如领英网）、专业行业论坛以及校园招聘等。以小张为例，他可以在 BOSS 直聘上搜索上海地区互联网公司的数据分析岗位，同时关注一些知名互联网企业的官网招聘信息。

（2）筛选并整理信息：在各个招聘渠道上，使用关键词搜索目标岗位，根据岗位的发布时间、企业规模和知名度、岗位要求与自身匹配度等因素进行初步筛选。将筛选出的符合要求的岗位信息详细记录下来，包括岗位名称、岗位职责、任职要求、公司名称、工作地点、薪资待遇、福利待遇等。小张可以将搜索到的岗位信息整理到一个文档中，方便后续分析。

（3）借助 DeepSeek 分析：将整理好的招聘信息输入 DeepSeek 中，让其分析这些岗位

的共性和差异，提取出关键的技能要求、经验要求、学历要求等信息。例如，DeepSeek 分析后发现大部分数据分析岗位要求掌握 SQL、Python 等数据分析工具，具备数据可视化能力，有 1～3 年相关工作经验等。

假设我们收集到招聘信息如下。

1. **招聘网站收集（BOSS 直聘、智联招聘）**

（1）岗位一：新媒体运营主管

公司名称：××在线教育科技公司

岗位职责：

全面负责公司新媒体矩阵（微信公众号、抖音、B 站等）的运营管理工作，制定并执行整体运营策略和年度、季度、月度计划。

带领团队进行内容策划、制作与发布，包括图文、视频、直播等形式，确保内容的质量和数量，提升品牌影响力和用户黏性。

分析新媒体平台的数据，根据数据反馈优化运营策略和内容方向，提高粉丝增长量、活跃度和转化率。

策划并执行各类新媒体营销活动，与外部合作方洽谈合作，拓展品牌推广渠道。

管理和培养新媒体运营团队，提升团队整体业务能力和工作效率。

技能要求：

具备 3～5 年新媒体运营管理经验，有成功的新媒体项目操盘经验。

熟悉各大新媒体平台的规则和玩法，掌握内容创作、数据分析、活动策划等技能。

具有优秀的团队管理能力、沟通协调能力和项目管理能力。

能够敏锐捕捉行业热点和趋势，有创新思维和较强的执行力。

任职资格：

本科及以上学历，新闻传播、市场营销、广告学等相关专业优先。

有教育行业新媒体运营经验者优先考虑。

（2）岗位二：新媒体内容策划专员

公司名称：××时尚美妆品牌公司

岗位职责：

负责公司新媒体平台（小红书、微博、抖音等）的内容策划和选题工作，结合品牌定位和市场需求，制定有吸引力的内容方向。

撰写高质量的新媒体文案，包括产品介绍、种草笔记、活动文案等，注重文案的趣味性、互动性和传播性。

与设计团队、摄影团队合作，完成内容的视觉呈现，确保图文、视频等内容的质量。

跟踪和分析内容数据，根据数据反馈优化内容策略，提高内容的曝光量和转化率。

关注时尚美妆行业动态和热点话题，及时调整内容方向，保持内容的时效性和新鲜感。

技能要求：

具备1～3年新媒体内容策划或文案撰写经验，有美妆、时尚领域相关经验者优先。

有扎实的文字功底，能够撰写不同风格的文案，熟悉新媒体语言和表达方式。

了解图片处理和视频剪辑软件的基本操作，能够与设计团队有效沟通。

具备数据分析能力，能够通过数据优化内容策略。

任职资格：

本科及以上学历，中文、广告、传媒等相关专业优先。

（3）岗位三：新媒体营销专员

公司名称：××互联网金融公司

岗位职责：

负责公司新媒体平台（微信公众号、今日头条、百家号等）的营销推广工作，制订并执行营销计划，提高品牌知名度和产品销量。

策划并执行各类新媒体营销活动，如线上直播、抽奖活动、专题推广等，吸引用户关注和参与。

与用户进行互动，回复用户咨询和留言，维护良好的用户关系，提高用户满意度和忠诚度。

分析新媒体营销数据，评估营销效果，根据数据反馈调整营销策略和活动方案。

与其他部门协作，共同完成公司的营销目标，如与产品部门沟通产品特点和优势，制订针对性的营销方案。

技能要求：

具备2～4年新媒体营销工作经验，有金融行业营销经验者优先。

熟悉新媒体营销渠道和推广方式，掌握社交媒体广告投放、搜索引擎优化等技能。

具有良好的沟通能力和团队协作精神，能够与不同部门有效合作。

具备数据分析能力，能够通过数据评估营销效果，优化营销方案。

任职资格：

本科及以上学历，市场营销、金融、经济等相关专业优先。

（4）岗位四：新媒体运营专员（电商方向）

公司名称：××跨境电商公司

岗位职责：

负责公司电商平台（亚马逊、速卖通、Shopify等）的新媒体运营工作，包括店铺主页运营、产品推广、客户服务等。

制定并执行电商平台的新媒体营销策略，提高店铺的流量和转化率，增加产品销量。

策划并执行电商平台的促销活动，如限时折扣、满减活动、赠品活动等，吸引客户购买。

分析电商平台的新媒体数据，了解客户需求和市场趋势，优化店铺运营和产品推广策略。

与供应商、物流商等合作伙伴保持良好的沟通和合作，确保产品供应和物流配送的顺畅。

技能要求：

具备1~2年电商平台新媒体运营经验，有跨境电商运营经验者优先。

熟悉电商平台的规则和操作流程，掌握电商营销工具和推广方式。

具备良好的英语读写能力，能够与国外客户进行有效沟通。

具备数据分析能力，能够通过数据优化店铺运营和营销效果。

任职资格：

本科及以上学历，电子商务、国际贸易等相关专业优先。

2. 企业官方网站收集（××科技公司官网）

岗位五：新媒体运营助理

岗位职责：

协助新媒体运营主管进行公司新媒体平台（微信公众号、抖音、微博等）的日常运营工作，包括内容编辑、发布和审核。

收集和整理行业资讯、热点话题和用户反馈，为内容策划提供素材和建议。

参与新媒体营销活动的策划和执行，协助进行活动的推广和宣传。

负责新媒体平台的用户互动和管理，回复用户留言和评论，维护良好的用户关系。

协助进行新媒体数据的统计和分析，制作简单的数据报表。

技能要求：

应届毕业生或有1年以上新媒体运营相关实习经验。

具备一定的文字编辑能力，能够进行简单的文案撰写和内容排版。

熟悉新媒体平台的基本操作，了解新媒体行业的发展趋势。

工作认真负责，有良好的沟通能力和团队协作精神。

任职资格：

大专及以上学历，新闻传播、市场营销等相关专业优先。

3. 社交媒体和专业论坛收集（领英网）

岗位六：新媒体创意策划经理

公司名称：××国际广告公司

岗位职责：

负责公司新媒体创意策划团队的管理和领导工作，制定团队的发展规划和目标。

带领团队为客户提供新媒体营销解决方案，包括品牌策略、内容创意、活动策划等。

与客户沟通需求，了解客户品牌和产品特点，制订针对性的创意策划方案。

监督和指导创意策划方案的执行，确保方案的质量和效果。

与公司其他部门协作，共同完成项目目标，如与设计部门合作完成创意内容的视觉呈现，与客户服务部门沟通客户反馈。

技能要求：

具备5年以上新媒体创意策划或广告行业工作经验，有团队管理经验。

具有丰富的创意和创新能力，能够提出独特的营销方案和创意概念。

熟悉新媒体平台的特点和趋势，掌握各种新媒体营销手段和工具。

具备良好的沟通能力和项目管理能力，能够与客户和团队成员有效沟通和协作。

任职资格：

本科及以上学历，广告学、市场营销、传播学等相关专业优先。

11.4.2 步骤2：撰写初始简历

（1）梳理个人信息：使用文字处理软件，按照常见的简历结构，梳理自己的个人信息，包括基本信息（姓名、性别、年龄、联系方式、电子邮箱等）、教育背景（学校名称、专业、学历、毕业时间、相关课程等）、工作经历（公司名称、职位、入职时间、离职时间、工作职责、工作成果等）、项目经历（项目名称、项目时间、项目描述、个人职责、项目成果等）、技能证书（获得的专业技能证书、语言证书等）以及个人优势（如沟通能力强、学习能力快、具有团队协作精神等）。

（2）突出重点内容：在撰写过程中，尽量突出与目标岗位相关的信息。例如，如果小张应聘数据分析岗位，他可以重点描述自己在数据分析项目中使用的工具和方法，以及取得的数据分析成果，如通过数据分析为公司节省了多少成本、提高了多少业务效率等。

（3）保持内容简洁：简历内容应简洁明了，避免冗长和复杂的表述。一般来说，一份简历的篇幅控制在1~2页为宜。

假设我们撰写了一份应聘新媒体运营岗位的简历。

《初始简历》

1．基本信息

姓名：林晓

性别：女

年龄：23岁

联系方式：132××××7890

电子邮箱：linxiao@example.com

求职意向：新媒体运营专员

2．教育背景

学校：××大学

专业：新闻学

学历：本科

毕业时间：2024年6月

相关课程：上过传播学、新媒体概论等课。

3．工作经历

公司：××广告公司

职位：新媒体运营助理

入职时间：2023 年 7 月

离职时间：2023 年 9 月

工作职责：帮着更新公众号内容，偶尔参与活动策划。

工作成果：没啥大成果，就是正常完成工作。

4．项目经历

项目名称：校园活动新媒体推广

项目时间：2023 年 10 月—2024 年 3 月

项目描述：给学校活动做宣传。

个人职责：负责发一些活动消息。

项目成果：感觉效果还行，人来得挺多。

5．技能证书

有计算机二级证书。

英语四级过了。

6．个人优势

沟通还可以，能和人交流。

学习能力还凑合，能学新东西。

能和团队一起干活。

11.4.3　步骤 3：优化简历

将之前收集到的招聘信息和撰写好的初始简历一同输入 DeepSeek 中。招聘信息包含了不同岗位对于新媒体运营的多方面要求，初始简历则呈现了求职者林晓目前的个人情况。

提示词如下：

现有如下简历、网站招聘职位信息，帮我优化简历。

初始简历

1．基本信息

姓名：林晓

性别：女

年龄：23 岁

联系方式：132××××7890

电子邮箱：linxiao@example.com

求职意向：新媒体运营专员

2．教育背景

学校：××大学

专业：新闻学

学历：本科

毕业时间：2024 年 6 月

相关课程：上过传播学、新媒体概论等课。

3. 工作经历

公司：××广告公司

职位：新媒体运营助理

入职时间：2023 年 7 月

离职时间：2023 年 9 月

工作职责：帮着更新公众号内容，偶尔参与活动策划。

工作成果：没啥大成果，就是正常完成工作。

4. 项目经历

项目名称：校园活动新媒体推广

项目时间：2023 年 10 月—2024 年 3 月

项目描述：给学校活动做宣传。

个人职责：负责发一些活动消息。

项目成果：感觉效果还行，人来得挺多。

5. 技能证书

有计算机二级证书。

英语四级过了。

6. 个人优势

沟通还可以，能和人交流。

学习能力还凑合，能学新东西。

能和团队一起干活。

网站招聘职位信息

1. 招聘网站收集（BOSS 直聘、智联招聘）

（1）岗位一：新媒体运营主管

公司名称：××在线教育科技公司

岗位职责：

全面负责公司新媒体矩阵（微信公众号、抖音、B 站等）的运营管理工作，制定并执行整体运营策略和年度、季度、月度计划。

带领团队进行内容策划、制作与发布，包括图文、视频、直播等形式，确保内容的质量和数量，提升品牌影响力和用户黏性。

分析新媒体平台的数据，根据数据反馈优化运营策略和内容方向，提高粉丝增长量、活跃度和转化率。

策划并执行各类新媒体营销活动，与外部合作方洽谈合作，拓展品牌推广渠道。

管理和培养新媒体运营团队，提升团队整体业务能力和工作效率。

技能要求：

具备3~5年新媒体运营管理经验，有成功的新媒体项目操盘经验。

熟悉各大新媒体平台的规则和玩法，掌握内容创作、数据分析、活动策划等技能。

具有优秀的团队管理能力、沟通协调能力和项目管理能力。

能够敏锐捕捉行业热点和趋势，有创新思维和较强的执行力。

任职资格：

本科及以上学历，新闻传播、市场营销、广告学等相关专业优先。

有教育行业新媒体运营经验者优先考虑。

（2）岗位二：新媒体内容策划专员

公司名称：××时尚美妆品牌公司

岗位职责：

负责公司新媒体平台（小红书、微博、抖音等）的内容策划和选题工作，结合品牌定位和市场需求，制定有吸引力的内容方向。

撰写高质量的新媒体文案，包括产品介绍、种草笔记、活动文案等，注重文案的趣味性、互动性和传播性。

与设计团队、摄影团队合作，完成内容的视觉呈现，确保图文、视频等内容的质量。

跟踪和分析内容数据，根据数据反馈优化内容策略，提高内容的曝光量和转化率。

关注时尚美妆行业动态和热点话题，及时调整内容方向，保持内容的时效性和新鲜感。

技能要求：

具备1~3年新媒体内容策划或文案撰写经验，有美妆、时尚领域相关经验者优先。

有扎实的文字功底，能够撰写不同风格的文案，熟悉新媒体语言和表达方式。

了解图片处理和视频剪辑软件的基本操作，能够与设计团队有效沟通。

具备数据分析能力，能够通过数据优化内容策略。

任职资格：

本科及以上学历，中文、广告、传媒等相关专业优先。

（3）岗位三：新媒体营销专员

公司名称：××互联网金融公司

岗位职责：

负责公司新媒体平台（微信公众号、今日头条、百家号等）的营销推广工作，制订并执行营销计划，提高品牌知名度和产品销量。

策划并执行各类新媒体营销活动，如线上直播、抽奖活动、专题推广等，吸引用户关注和参与。

与用户进行互动，回复用户咨询和留言，维护良好的用户关系，提高用户满意度和忠诚度。

分析新媒体营销数据，评估营销效果，根据数据反馈调整营销策略和活动方案。

与其他部门协作，共同完成公司的营销目标，如与产品部门沟通产品特点和优势，制定针对性的营销方案。

技能要求：

具备2～4年新媒体营销工作经验，有金融行业营销经验者优先。

熟悉新媒体营销渠道和推广方式，掌握社交媒体广告投放、搜索引擎优化等技能。

具有良好的沟通能力和团队协作精神，能够与不同部门有效合作。

具备数据分析能力，能够通过数据评估营销效果，优化营销方案。

任职资格：

本科及以上学历，市场营销、金融、经济等相关专业优先。

（4）岗位四：新媒体运营专员（电商方向）

公司名称：××跨境电商公司

岗位职责：

负责公司电商平台（亚马逊、速卖通、Shopify等）的新媒体运营工作，包括店铺主页运营、产品推广、客户服务等。

制定并执行电商平台的新媒体营销策略，提高店铺的流量和转化率，增加产品销量。

策划并执行电商平台的促销活动，如限时折扣、满减活动、赠品活动等，吸引客户购买。

分析电商平台的新媒体数据，了解客户需求和市场趋势，优化店铺运营和产品推广策略。

与供应商、物流商等合作伙伴保持良好的沟通和合作，确保产品供应和物流配送的顺畅。

技能要求：

具备1～2年电商平台新媒体运营经验，有跨境电商运营经验者优先。

熟悉电商平台的规则和操作流程，掌握电商营销工具和推广方式。

具备良好的英语读写能力，能够与国外客户进行有效沟通。

具备数据分析能力，能够通过数据优化店铺运营和营销效果。

任职资格：

本科及以上学历，电子商务、国际贸易等相关专业优先。

2. 企业官网收集（××科技公司官网）

岗位五：新媒体运营助理

岗位职责：

协助新媒体运营主管进行公司新媒体平台（微信公众号、抖音、微博等）的日常运营工作，包括内容编辑、发布和审核。

收集和整理行业资讯、热点话题和用户反馈，为内容策划提供素材和建议。

参与新媒体营销活动的策划和执行，协助进行活动的推广和宣传。

负责新媒体平台的用户互动和管理，回复用户留言和评论，维护良好的用户关系。

协助进行新媒体数据的统计和分析，制作简单的数据报表。

技能要求：

应届毕业生或有1年以上新媒体运营相关实习经验。

具备一定的文字编辑能力，能够进行简单的文案撰写和内容排版。

熟悉新媒体平台的基本操作，了解新媒体行业的发展趋势。

工作认真负责，有良好的沟通能力和团队协作精神。

任职资格：

大专及以上学历，新闻传播、市场营销等相关专业优先。

3. 社交媒体和专业论坛收集（领英网）

岗位六：新媒体创意策划经理

公司名称：××国际广告公司

岗位职责：

负责公司新媒体创意策划团队的管理和领导工作，制定团队的发展规划和目标。

带领团队为客户提供新媒体营销解决方案，包括品牌策略、内容创意、活动策划等。

与客户沟通需求，了解客户品牌和产品特点，制订针对性的创意策划方案。

监督和指导创意策划方案的执行，确保方案的质量和效果。

与公司其他部门协作，共同完成项目目标，如与设计部门合作完成创意内容的视觉呈现，与客户服务部门沟通客户反馈。

技能要求：

具备5年以上新媒体创意策划或广告行业工作经验，有团队管理经验。

具有丰富的创意和创新能力，能够提出独特的营销方案和创意概念。

熟悉新媒体平台的特点和趋势，掌握各种新媒体营销手段和工具。

具备良好的沟通能力和项目管理能力，能够与客户和团队成员有效沟通和协作。

任职资格：

本科及以上学历，广告学、市场营销、传播学等相关专业优先。

DeepSeek输出如下：

由于林晓求职意向为新媒体运营专员，且工作经验较少，岗位二、岗位四、岗位五与该求职意向及个人情况更为匹配，下面将结合这三个岗位要求优化简历：

一、基本信息

姓名：林晓

性别：女

年龄：23岁

联系方式：132××××7890

电子邮箱：linxiao@example.com

求职意向：新媒体运营专员

二、教育背景

学校：××大学

专业：新闻学

学历：本科

毕业时间：2024年6月

相关课程：系统学习了传播学、新媒体概论、新媒体文案写作、网络广告、新闻摄影与摄像、数据分析基础等课程，为新媒体运营工作打下了坚实的理论基础。

三、工作经历

××广告公司新媒体运营助理（2023年7月—2023年9月）

（一）内容运营

独立负责公司微信公众号日常内容的更新与维护，每周产出3~5篇优质文章，涵盖行业动态、产品宣传等。结合热点话题与目标受众喜好进行选题策划，使文章平均阅读量提升35%，点赞数增长40%。

参与小红书、微博等平台的内容初步规划，提供创意选题与文案思路，协助团队提高平台曝光度。

（二）活动策划与执行

协助策划并执行新媒体营销活动3场，如线上抽奖、话题互动等。负责活动文案撰写、宣传海报设计跟进以及部分推广工作，活动参与人数平均增长50%，有效提升了品牌知名度与用户活跃度。

活动结束后，收集用户反馈，进行简单的数据统计与分析，为后续活动优化提供参考。

四、项目经历

校园活动新媒体推广（2023年10月—2024年3月）

（一）项目背景

为提高学校××活动的参与度与影响力，通过新媒体渠道进行全方位宣传推广。

（二）个人职责

主导活动在微信公众号、微博、抖音等平台的宣传方案制订与执行，撰写并发布活动推文10余篇、短视频5条，文案阅读量总计超过5000次，视频总播放量超过8000次。

与校内社团、学生会合作，扩大活动宣传范围，通过联合推广、互推等方式吸引更多潜在参与者。

实时监测活动数据，根据数据反馈调整推广策略，如优化发布时间、调整内容重点等。

（三）项目成果

活动参与人数达到 850 人，较预期目标超出 25%，活动相关话题在校园社交平台上的曝光量突破 10000 次。

通过此次项目，积累了丰富的新媒体推广经验，提升了数据分析与策略调整能力。

五、技能证书

计算机二级证书：熟练掌握 Microsoft Office 办公软件，能够高效完成数据处理、文档编辑、演示文稿制作等工作。

英语四级证书：具备良好的英语读写能力，能够流畅阅读英文行业资料，为跨境电商运营等工作提供语言支持。

Adobe Photoshop 基础操作证书：掌握基础的图片处理技能，能够独立完成宣传海报、配图的设计与制作。

剪映视频剪辑入门证书：可以运用剪映进行简单的视频剪辑与特效添加，制作宣传短视频。

六、个人优势

（一）沟通协作

具备良好的沟通能力，在广告公司实习期间，能与设计、市场等部门有效沟通，确保项目顺利推进。在校园活动推广中，与校内各组织保持密切联系，共同完成宣传目标。

善于团队协作，能够充分发挥个人优势，积极配合团队成员，营造良好的工作氛围。

（二）学习创新

学习能力强，能够快速掌握新媒体平台的新规则、新玩法以及相关工具的使用技巧。例如，在短时间内学会使用 Photoshop 和剪映进行内容创作。

具有创新思维，在内容策划与活动设计中，能够提出新颖的创意与想法，吸引用户关注。

（三）数据分析

对数据敏感，能够运用简单的数据分析工具，对新媒体运营数据进行收集、整理与分析。根据数据结果发现问题、总结规律，并提出针对性的优化建议。

将 DeepSeek 生成的简历复制到 Word 中保存，以备后期使用。

11.5 案例 50：DeepSeek 辅助股票分析

股票市场是一个充满机遇与挑战的领域，投资者需要依赖实时、准确的数据来做出明智的投资决策。通过结合 DeepSeek 和豆包的强大功能，投资者可以实现从数据采集、清洗、分析到可视化展示的全流程自动化。DeepSeek 将为股票分析提供高效的数据处理与智能解析，帮助投资者做出更精准的决策。

1. 目标

通过全流程辅助，帮助用户自动化地进行股票数据的爬取、清洗、分析与可视化操作，通过智能解析提供投资建议。

2. 工具

（1）DeepSeek：用于数据清洗、分析等核心内容。
（2）Excel：生成可视化图表。
（3）豆包：股票数据爬取。

11.5.1 步骤1：股票数据爬取

数据爬取是获取股票市场实时数据的第一步。在这一过程中，数据从公开的数据源中（如股票交易平台、财经网站等）被抓取，以供后续分析使用。数据爬取有两种主要方式：

1. 编程方式

通过编写代码实现数据爬取是一种灵活且功能强大的方式。使用编程语言（如Python、R等）和相关的爬虫框架（如BeautifulSoup、Scrapy、Selenium等），用户可以自定义数据爬取规则，定期抓取股票数据。

2. 零编程方式

没有编程背景的用户可以采用零编程方式进行数据爬取。用户只需将网页中的数据复制到剪贴板，并利用DeepSeek等AI工具进行解析、清洗，最终导出CSV、Excel等文件。这种方法操作简单直观，适合广大非技术用户。

例如，我们想从搜狐证券中爬取中国移动股票数据，图11-7为按周查询的中国移动股票历史数据。

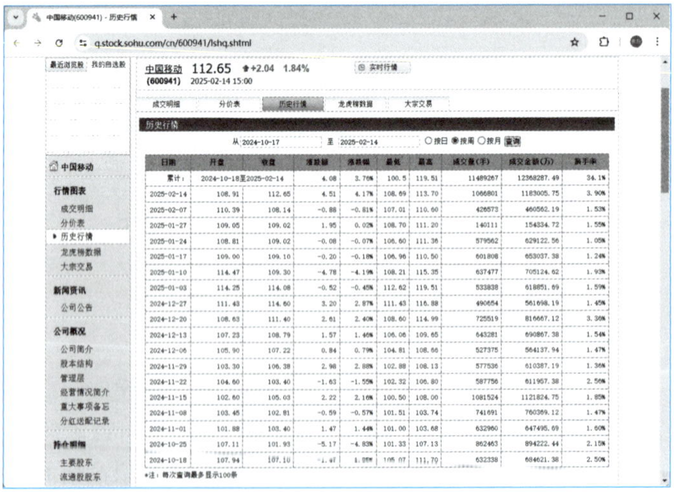

图11-7 中国移动按周查询的股票历史数据

选择股票数据，返回，复制到剪贴板。

> 在 Windows 系统下，可按下快捷键 Ctrl+C，或者点击鼠标右键，在弹出的菜单中选择"复制"选项，将数据复制到剪贴板。对于 macOS 系统，则可以按下 Command+C 组合键，或者通过鼠标右键点击选中的数据，在弹出的菜单中选择"复制"。

将剪贴板数据粘贴到 DeepSeek 发送给 DeepSeek。

提示词如下：
我们有如下中国移动按周查询的股票历史数据，请帮我整理成 CSV 表格。
从
2024-10-17
至
2025-02-14
按日 按周 按月

日期	开盘	收盘	涨跌额	涨跌幅	最低	最高	成交量(手)	成交金额(万)	换手率
累计：	2024-10-18 至 2025-02-14		4.08	3.76%	100.5	119.51	11489267	12368287.49	34.1%
2025-02-14	108.91	112.65	4.51	4.17%	108.69	113.70	1066801	1183005.75	3.90%
2025-02-07	110.39	108.14	-0.88	-0.81%	107.01	110.60	426573	460562.19	1.53%
2025-01-27	109.05	109.02	1.95	0.02%	108.70	111.20	140111	154334.72	1.55%
2025-01-24	108.81	109.02	-0.08	-0.07%	106.60	111.36	579562	629122.56	1.05%
2025-01-17	109.00	109.10	-0.20	-0.18%	106.96	110.50	601808	653037.38	1.24%
2025-01-10	114.47	109.30	-4.78	-4.19%	108.21	115.35	637477	705124.62	1.93%
2025-01-03	114.25	114.08	-0.52	-0.45%	112.62	119.51	533838	618851.69	1.59%
2024-12-27	111.43	114.60	3.20	2.87%	111.43	116.88	490654	561698.19	1.45%
2024-12-20	108.63	111.40	2.61	2.40%	108.60	114.99	725519	816667.12	3.36%
2024-12-13	107.23	108.79	1.57	1.46%	106.06	109.65	643281	690867.38	1.54%
2024-12-06	105.90	107.22	0.84	0.79%	104.81	108.66	527375	564137.94	1.47%
2024-11-29	103.30	106.38	2.98	2.88%	102.88	108.13	577536	610387.19	1.36%
2024-11-22	104.60	103.40	-1.63	-1.55%	102.32	106.80	587756	611957.38	2.56%
2024-11-15	102.60	105.03	2.22	2.16%	100.50	108.00	1081524	1121824.75	1.85%
2024-11-08	103.45	102.81	-0.59	-0.57%	101.51	103.74	741691	760369.12	1.47%

213

2024-11-01 101.88 103.40 1.47 1.44% 101.00 103.68 632960 647495.69 1.60%

2024-10-25 107.11 101.93 -5.17 -4.83% 101.33 107.13 862463 894222.44 2.15%

2024-10-18 107.94 107.10 -1.47 -1.35% 105.07 111.70 632338 684621.38 2.50%

*注：每次查询最多显示 100 条

DeepSeek 输出如下：

日期,开盘,收盘,涨跌额,涨跌幅(%),最低,最高,成交量(手),成交金额(万),换手率(%)

2025-02-14,108.91,112.65,4.51,4.17,108.69,113.70,1066801,1183005.75,3.90

2025-02-07,110.39,108.14,-0.88,-0.81,107.01,110.60,426573,460562.19,1.53

2025-01-27,109.05,109.02,1.95,0.02,108.70,111.20,140111,154334.72,1.55

2025-01-24,108.81,109.02,-0.08,-0.07,106.60,111.36,579562,629122.56,1.05

2025-01-17,109.00,109.10,-0.20,-0.18,106.96,110.50,601808,653037.38,1.24

2025-01-10,114.47,109.30,-4.78,-4.19,108.21,115.35,637477,705124.62,1.93

2025-01-03,114.25,114.08,-0.52,-0.45,112.62,119.51,533838,618851.69,1.59

2024-12-27,111.43,114.60,3.20,2.87,111.43,116.88,490654,561698.19,1.45

2024-12-20,108.63,111.40,2.61,2.40,108.60,114.99,725519,816667.12,3.36

2024-12-13,107.23,108.79,1.57,1.46,106.06,109.65,643281,690867.38,1.54

2024-12-06,105.90,107.22,0.84,0.79,104.81,108.66,527375,564137.94,1.47

2024-11-29,103.30,106.38,2.98,2.88,102.88,108.13,577536,610387.19,1.36

2024-11-22,104.60,103.40,-1.63,-1.55,102.32,106.80,587756,611957.38,2.56

2024-11-15,102.60,105.03,2.22,2.16,100.50,108.00,1081524,1121824.75,1.85

2024-11-08,103.45,102.81,-0.59,-0.57,101.51,103.74,741691,760369.12,1.47

2024-11-01,101.88,103.40,1.47,1.44,101.00,103.68,632960,647495.69,1.60

2024-10-25,107.11,101.93,-5.17,-4.83,101.33,107.13,862463,894222.44,2.15

2024-10-18,107.94,107.10,-1.47,-1.35,105.07,111.70,632338,684621.38,2.50

将上述 CSV 代码保存为"中国移动股票数据.csv"，如图 11-8 所示。

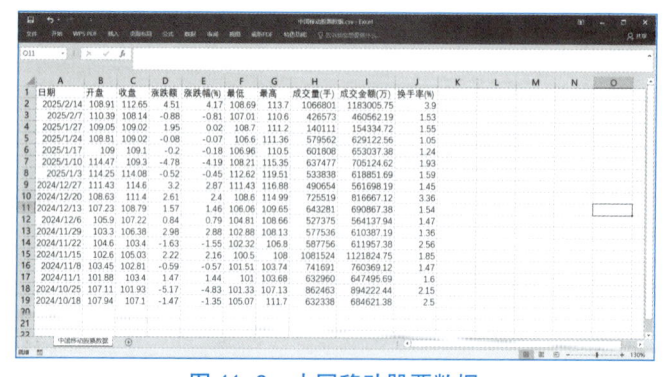

图 11-8　中国移动股票数据

然而，当遇到部分网站所提供的数据不支持通过常规文本复制的方式传输至剪贴板时，我们该如何解决呢？此时，我们可以选择截取网页图片，随后将图片发送给像豆包这样的多模态 AI 工具，借助其强大的功能实现数据的抓取与提取。

> Windows 等系统都自带截图工具。例如 Windows 可在"开始"菜单的附件中找到截图工具，开启后可进行自由、矩形或全屏截取操作，截图完成后还能对图片进行保存、复制或编辑。
> 在 macOS 系统下，按下"Shift-Command-5"组合键便能打开截屏工具，借助该工具，可选择捕捉整个屏幕、窗口或者屏幕的一部分等，还能通过拖移选取框来调整区域大小。点击"选项"可设定延时拍摄、显示鼠标指针等参数，以及指定文件的存储位置，设置好后点击"捕捉"就能完成截图。

将截到的图片放到豆包工具中，并发送如下提示词，如图 11-9 所示。

提示词如下：
该图是中国移动按周查询的股票历史数据，请帮我整理成 CSV 表格。

图 11-9　使用豆包工具解析图片

豆包回答如下：
日期, 开盘, 收盘, 涨跌额, 涨跌幅 (%), 最低, 最高, 成交量 (手), 成交金额 (万), 换手率 (%)
2025-02-14,108.91,112.65,4.51,4.17,108.69,113.70,1066801,1183005.75,3.90

```
2025-02-07,110.39,108.14,-0.88,-0.81,107.01,110.60,426573,460562.19,1.53
2025-01-27,109.05,109.02,1.95,0.02,108.70,111.20,140111,154334.72,1.55
2025-01-24,108.81,109.02,-0.08,-0.07,106.60,111.36,579562,629122.56,1.05
2025-01-17,109.00,109.10,-0.20,-0.18,106.96,110.50,601808,653037.38,1.24
2025-01-10,114.47,109.30,-4.78,-4.19,108.21,115.35,637477,705124.62,1.93
2025-01-03,114.25,114.08,-0.52,-0.45,112.62,119.51,533838,618851.69,1.59
2024-12-27,111.43,114.60,3.20,2.87,111.43,116.88,490654,561698.19,1.45
2024-12-20,108.63,111.40,2.61,2.40,108.60,114.99,725519,816667.12,3.36
2024-12-13,107.23,108.79,1.57,1.46,106.06,109.65,643281,690867.38,1.54
2024-12-06,105.90,107.22,0.84,0.79,104.81,108.66,527375,564137.94,1.47
2024-11-29,103.30,106.38,2.98,2.88,102.88,108.13,577536,610387.19,1.36
2024-11-22,104.60,103.40,-1.63,-1.55,102.32,106.80,587756,611957.38,2.56
2024-11-15,102.60,105.03,2.22,2.16,100.50,108.00,1081524,1121824.75,1.85
2024-11-08,103.45,102.81,-0.59,-0.57,101.51,103.74,741691,760369.12,1.47
2024-11-01,101.88,103.40,1.47,1.44,101.00,103.68,632960,647495.69,1.60
2024-10-25,107.11,101.93,-5.17,-4.83,101.33,107.13,862463,894222.44,2.15
2024-10-18,107.94,107.10,-1.47,-1.35,105.07,111.70,632338,684621.38,2.50
```

11.5.2 步骤 2：数据清洗

在数据处理流程中，数据清洗至关重要。股票数据通常看似比较干净，这得益于证券交易市场严格的信息披露制度和规范的数据记录体系，上市公司需按规定日期准时公布信息，交易所也会严格审核监管。

我们通常需要将数据按照"交易日期"升序排序。

提示词如下：

我们有如下中国移动按周查询的股票历史数据，请帮我清洗数据，将数据按照"交易日期"升序排序，返回 CSV 表格。
日期, 开盘, 收盘, 涨跌额, 涨跌幅 (%), 最低, 最高, 成交量 (手), 成交金额 (万), 换手率 (%)
2025-02-14,108.91,112.65,4.51,4.17,108.69,113.70,1066801,1183005.75,3.90
2025-02-07,110.39,108.14, 0.88,-0.81,107.01,110.60,426573,460562.19,1.53
2025-01-27,109.05,109.02,1.95,0.02,108.70,111.20,140111,154334.72,1.55

2025-01-24,108.81,109.02,-0.08,-0.07,106.60,111.36,579562,629122.56,1.05
2025-01-17,109.00,109.10,-0.20,-0.18,106.96,110.50,601808,653037.38,1.24
2025-01-10,114.47,109.30,-4.78,-4.19,108.21,115.35,637477,705124.62,1.93
2025-01-03,114.25,114.08,-0.52,-0.45,112.62,119.51,533838,618851.69,1.59
2024-12-27,111.43,114.60,3.20,2.87,111.43,116.88,490654,561698.19,1.45
2024-12-20,108.63,111.40,2.61,2.40,108.60,114.99,725519,816667.12,3.36
2024-12-13,107.23,108.79,1.57,1.46,106.06,109.65,643281,690867.38,1.54
2024-12-06,105.90,107.22,0.84,0.79,104.81,108.66,527375,564137.94,1.47
2024-11-29,103.30,106.38,2.98,2.88,102.88,108.13,577536,610387.19,1.36
2024-11-22,104.60,103.40,-1.63,-1.55,102.32,106.80,587756,611957.38,2.56
2024-11-15,102.60,105.03,2.22,2.16,100.50,108.00,1081524,1121824.75,1.85
2024-11-08,103.45,102.81,-0.59,-0.57,101.51,103.74,741691,760369.12,1.47
2024-11-01,101.88,103.40,1.47,1.44,101.00,103.68,632960,647495.69,1.60
2024-10-25,107.11,101.93,-5.17,-4.83,101.33,107.13,862463,894222.44,2.15
2024-10-18,107.94,107.10,-1.47,-1.35,105.07,111.70,632338,684621.38,2.50

DeepSeek 输出如下：

日期,开盘,收盘,涨跌额,涨跌幅(%),最低,最高,成交量(手),成交金额(万),换手率(%)
2024-10-18,107.94,107.10,-1.47,-1.35,105.07,111.70,632338,684621.38,2.50
2024-10-25,107.11,101.93,-5.17,-4.83,101.33,107.13,862463,894222.44,2.15
2024-11-01,101.88,103.40,1.47,1.44,101.00,103.68,632960,647495.69,1.60
2024-11-08,103.45,102.81,-0.59,-0.57,101.51,103.74,741691,760369.12,1.47
2024-11-15,102.60,105.03,2.22,2.16,100.50,108.00,1081524,1121824.75,1.85
2024-11-22,104.60,103.40,-1.63,-1.55,102.32,106.80,587756,611957.38,2.56
2024-11-29,103.30,106.38,2.98,2.88,102.88,108.13,577536,610387.19,1.36
2024-12-06,105.90,107.22,0.84,0.79,104.81,108.66,527375,564137.94,1.47
2024-12-13,107.23,108.79,1.57,1.46,106.06,109.65,643281,690867.38,1.54
2024-12-20,108.63,111.40,2.61,2.40,108.60,114.99,725519,816667.12,3.36
2024-12-27,111.43,114.60,3.20,2.87,111.43,116.88,490654,561698.19,1.45
2025-01-03,114.25,114.08,-0.52,-0.45,112.62,119.51,533838,618851.69,1.59
2025-01-10,114.47,109.30,-4.78,-4.19,108.21,115.35,637477,705124.62,1.93
2025-01-17,109.00,109.10,-0.20,-0.18,106.96,110.50,601808,653037.38,1.24
2025-01-24,108.81,109.02,-0.08,-0.07,106.60,111.36,579562,629122.56,1.05
2025-01-27,109.05,109.02,1.95,0.02,108.70,111.20,140111,154334.72,1.55
2025-02-07,110.39,108.14,-0.88,-0.81,107.01,110.60,426573,460562.19,1.53
2025-02-14,108.91,112.65,4.51,4.17,108.69,113.70,1066801,1183005.75,3.90

将上述 CSV 代码保存为"中国移动股票数据（清洗后）.csv"。使用 Excel 打开清洗后的数据，如图 11-10 所示。

图 11-10 中国移动股票数据（清洗后）

11.5.3 步骤 3：数据可视化

在完成数据清洗之后，数据可视化就成为进一步探索和理解数据的关键步骤。采用零编程实现数据可视化的步骤如下。

（1）将"中国移动股票数据（清洗后）.csv"文件转换为 Excel 文件。
（2）然后，参考第 8.4.3 节的内容选中数据区域，生成图表，如图 11-11 所示。

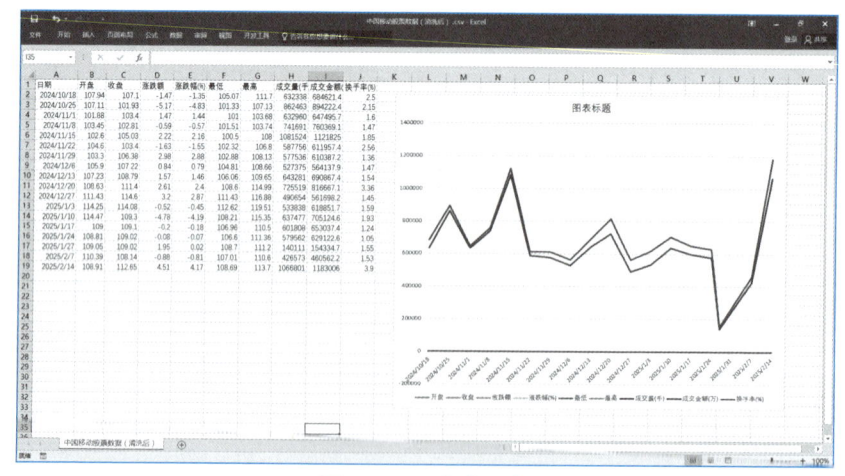

图 11-11 生成图表

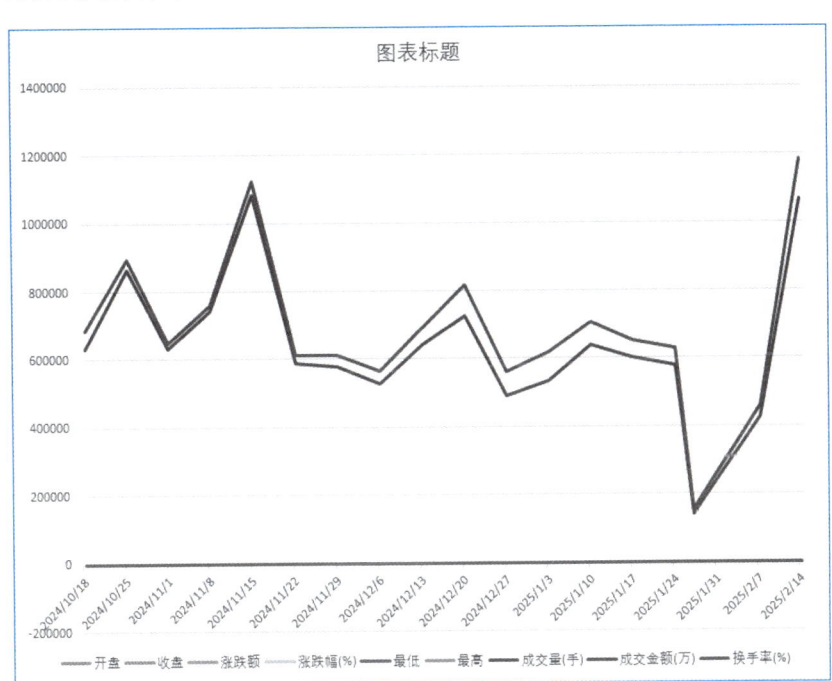

（3）将折线图复制到画图工具等图片编辑工具中，就可以保存图片了，如图11-12所示。

图 11-12　保存图片后的折线图

11.5.4　步骤4：智能解析

DeepSeek是一个推理模型，擅长数据分析、模式识别与预测，自然也擅长分析股票市场数据，提供趋势预测和风险评估，通过大量历史数据和实时信息揭示股市的潜在规律。DeepSeek能够帮助分析者识别市场动向、短期波动性和长期趋势，并通过综合的成交量、换手率、价格波动等指标提供有针对性的投资建议或决策支持。

提示词如下：
我们有如下中国移动按周查询的股票历史数据，帮我进行分析，返回Markdown代码。
日期,开盘,收盘,涨跌额,涨跌幅,最低,最高,成交量(手),成交金额(万),换手率
2025-02-14,108.91,112.65,4.51,4.17%,108.69,113.70,1066801,1183005.75,3.90%
2025-02-07,110.39,108.14,-0.88,-0.81%,107.01,110.60,426573,460562.19,1.53%
2025-01-27,109.05,109.02,1.95,0 02%,108.70,111.20,140111,154334.72,1.55%
2025-01-24,108.81,109.02,-0.08,-0.07%,106.60,111.36,579562,629122.56,1.05%

2025-01-17,109.00,109.10,-0.20,-0.18%,106.96,110.50,601808,653037.38,1.24%
2025-01-10,114.47,109.30,-4.78,-4.19%,108.21,115.35,637477,705124.62,1.93%
2025-01-03,114.25,114.08,-0.52,-0.45%,112.62,119.51,533838,618851.69,1.59%
2024-12-27,111.43,114.60,3.20,2.87%,111.43,116.88,490654,561698.19,1.45%
2024-12-20,108.63,111.40,2.61,2.40%,108.60,114.99,725519,816667.12,3.36%
2024-12-13,107.23,108.79,1.57,1.46%,106.06,109.65,643281,690867.38,1.54%
2024-12-06,105.90,107.22,0.84,0.79%,104.81,108.66,527375,564137.94,1.47%
2024-11-29,103.30,106.38,2.98,2.88%,102.88,108.13,577536,610387.19,1.36%
2024-11-22,104.60,103.40,-1.63,-1.55%,102.32,106.80,587756,611957.38,2.56%
2024-11-15,102.60,105.03,2.22,2.16%,100.50,108.00,1081524,1121824.75,1.85%
2024-11-08,103.45,102.81,-0.59,-0.57%,101.51,103.74,741691,760369.12,1.47%
2024-11-01,101.88,103.40,1.47,1.44%,101.00,103.68,632960,647495.69,1.60%
2024-10-25,107.11,101.93,-5.17,-4.83%,101.33,107.13,862463,894222.44,2.15%
2024-10-18,107.94,107.10,-1.47,-1.35%,105.07,111.70,632338,684621.38,2.50%

DeepSeek 输出如下：

一、核心趋势分析

1. **整体走势**

  - **累计涨幅**：区间累计上涨 4.08 元（+3.76%），呈现温和上升趋势。

  - **关键拐点**：2024 年 12 月 27 日突破前期震荡区间（100.5-111.4），随后在 2025 年 1 月 10 日遭遇 -4.19% 的深度回调，显示市场分歧。

2. **波段特征**：

  - **主升浪**：2024 年 11 月 15 日（100.5）→ 2025 年 1 月 3 日（119.51），涨幅 18.9%，量能持续放大。

  - **调整阶段**：2025 年 1 月 10 日单周暴跌 4.19%，成交金额达 70.5 亿元，形成短期顶部。

二、量价关系解析

日期区间	价格变化	成交量（手）	量价关系
2024-11-15 当周	+2.16%	108 万	**量价齐升**
2025-01-10 当周	-4.19%	63.7 万	放量下跌（危险信号）
2025-02-14 当周	+4.17%	106.7 万	**突破放量**

  - **关键发现**：2025 年 2 月 14 日单日换手率 3.9% 创区间新高，配合突破前高 113.7，形成技术性突破。

三、波动性评估

1. **价格波动带**：
   - **中枢区间**：105-112（70% 交易周收盘价落在此区间）。
   - **极端波动**：2025 年 1 月 3 日周振幅达 6.12%（112.62 ⟷ 119.51）。

2. **风险指标**：
   - 最大回撤：-15.8%（119.51 → 100.5）。
   - 波动率 (标准差)：2.15%（周度收盘价）。

四、关键位置识别

1. **支撑位**：
   - 强支撑：105 元（3 次触及反弹）。
   - 次支撑：108.7 元（2025 年 1 月多次验证）。

2. **阻力位**：
   - 短期阻力：113.7 元（2025-02-14 高点）。
   - 长期阻力：119.51 元（历史高点）。

五、资金流动观察

- **主力动向**：2024 年 12 月 20 日当周成交 81.7 亿元，换手率 3.36%，疑似机构建仓。
- **流动性风险**：2025 年 1 月 27 日周成交仅 15.4 亿元，缩量至区间最低水平，需警惕流动性枯竭。

六、综合分析结论

1. **短期展望**：突破 113.7 关键阻力后，有望挑战 120 元整数关口，需持续观察量能是否维持在 100 万手 / 周以上。
2. **风险提示**：若跌破 108 元支撑位，可能回撤至 105 元中枢，下方 100.5 元为强平仓警戒线。
3. **操作建议**：
   - 激进策略：113 元上方分批止盈，回撤至 108 元加仓。
   - 保守策略：站稳 115 元后右侧交易，破 105 元止损。

注：建议结合 MACD 与 RSI 指标验证趋势强度，重点关注季度财报发布前后的量价异动。

将上述 Markdown 代码复制并保存为"股票分析报告 .md"文件，使用 Markdown 工具预览，结果如图 11-13 所示。

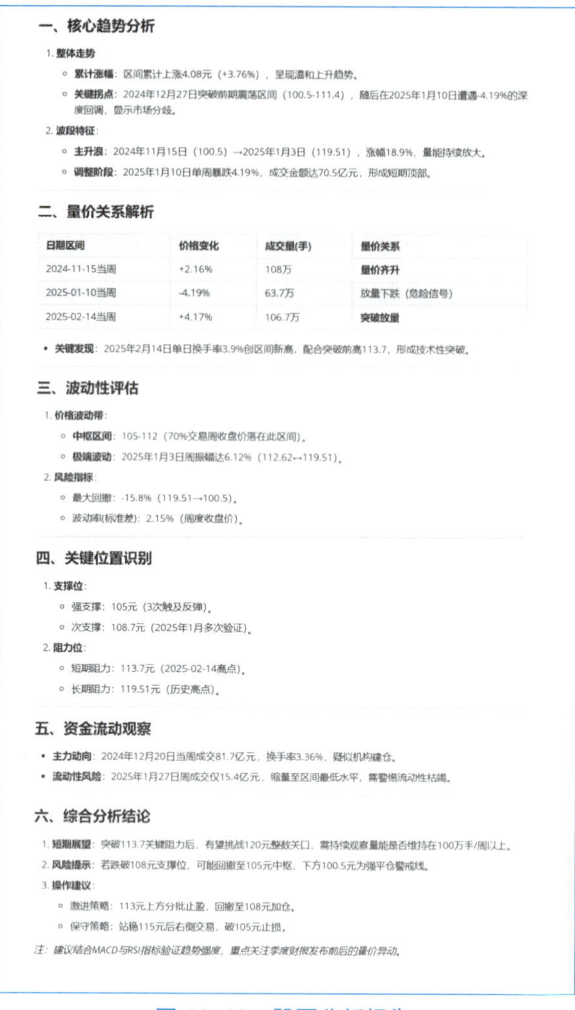

图 11-13 股票分析报告

如果需要，可以将其转换为 Word 或 PDF 等文件，过程不再赘述。

11.6 本章总结

  本章围绕 DeepSeek 展开 5 个综合案例实战，以展示其强大的功能与广泛的适用性。在高效会议纪要与邮件沟通、商业文案创意与优化、打造产品介绍视频、精准优化简历及辅助股票分析等不同场景中，DeepSeek 均发挥着重要作用。其在各案例关键步骤上的应用，如信息提取、内容生成、数据处理等，有效提升了工作效率，提高了成果质量。其通用性和智能性，为各领域提供了高效解决方案。未来，随着技术迭代，DeepSeek 有望在更多场景落地，持续赋能不同行业，推动工作流程的智能化变革。